천재의 정신병리

과학적 창조의 비밀

이다 신·나카이 히사오 지음
이현수 옮김

전파과학사

머리말을 대신하여

과학자가 만들어낸 세계는 완전히 비개성적인 지적 산물이어서 우리 정신의학자 등이 끼어들 여지가 없는 것 같다. 과학자가 발견한 사실, 또는 법칙은 무엇보다도 먼저 초개인적인 객관성이 요구된다는 것은 자명하다. 그러나 성립 사정에 근거해 보면 과학적 세계도 그것을 만들어낸 과학자의 개성의 강렬한 핵인이 찍혀 있는 것이 분명하다. 그뿐만 아니라 사람이 과학과 만난 과학자가 되고 과학적 업적을 쌓아가는 과정은 가장 개성적인 인간 드라마가 아닐까? 이러한 의미에서 천재적 과학자의 자기 형성의 역사, 그 학문의 개성적 특징, 그들의 창조성의 내적 비밀을 추구하는 연구, 즉 과학자에 대한 인간의 연구는 우리에게 극히 매력적인 주제이다. 이때 창조성에 대한 정신 병리학은 유력한 탐구 방법을 제공한다.

천재와 광기의 밀접한 관계에 대해서는 예부터 고대 그리스의 많은 사람의 입에 오르내렸다. 그러나 이 테마를 정신의학적으로 처음 다룬 사람은 독일의 정신의학자 뫼비우스*이며 천재의 정신의학적 전기를 뜻하는 〈병적학(病蹟學, Pathographie)〉이라는 말도 그가 창조하였다(1907).

병적학적 연구에는 여러 조류가 있다. 그 대표적인 것은 정신의학적 천재 론의 계보이다. 이 흐름은 뫼비우스의 《괴테》**, 《니체》***, 《루소》****등의 고전적 업적에서 시작하여, 같은 독일의

---

* Paul Julius Möbius, 1853~1907
** Johann Wolfgang von Goethe, 1749~1832
*** Friedrich Wilhelm Nietzsche, 1844~1900

정신과 의사 랑게-아이히바움(Wilhelm Lange-Eichbaum)에 이 어졌다.

랑게-아이히바움은 천재를 시대와 더불어 변화하는 함수로서 포착하는 사회학적 천재론을 대저 《천재·광기·명성》(1927)에서 전개하였다. 같은 독일의 정신과 의사 크레치머*는 《체격과 성격(Körperbau und Charakter)》(1921) 가운데서 잘 알려진 기질 유형론을 제창하였고, 또 《천재인(Geniale Menschen)》(1929)에서 체질 생물학적 입장에서 천재의 창조 활동을 파고들어 한고비를 이루었다. 그러나 이 연구들은 1차 세계대전 패전 후의 이른바 바이마르 문화에서 특히 고조된 독일인의 천재 숭배, 영웅 숭배의 유행이라는 배경과 떼어놓고 생각할 수 없다. 이것들은 산문적인 1차 세계대전 후의 시민 사회의 목적 상실성을 보상하기 위해 과거의 문화적 영웅을 환기한 것으로서, 패전 직후의 독일 국민의 열등감을 뒤집은 우월 의식의 발현이라고 할 수 있을 것이다. 한편에서는 과학의 이름 아래 정신의학적인 진단을 내려 천재인을 건강인 이하로 떨어뜨리려 하는 행위에는 정신의학자 자신의 천재 콤플렉스가 숨어 있지 않았다고는 단언할 수 없다.

이러한 천재 콤플렉스에 대해서 정신병리학자 야스퍼스**는 비판적이었다. 현상학적 이념(現象學的理念)에 의하여 병적학의 개념과 방법을 확립한 그의 연구 《스트린드베리***와 반 고흐****

**** Jean-Jacques Rousseau, 1712~1978
* Ernst Kretschmer, 1888~1964
** Karl Jaspers, 1883~1965
*** August Strindberg, 1849~1912
**** Vincent van Gogh, 1853~1890

(Strindberg und van Gogh)》(1926)는 그의 저서 중 유일한 본
격적 병적론인데 작자의 예술적 능력, 작품의 미적 구조, 미적
가치 등에는 언급하지 않고, 작자의 질병의 구체적인 기술과
작자의 세계관 및 작품의 발생 과정과 질병과의 관련 분석에
자기의 입장을 한정시켰다.

즉 병 때문에 창조적 행위가 이루어졌는가, 또는 병에도 불
구하고 창조가 이루어졌는가 하는 데 초점이 집중되어 있다.
그러나 과학적 비판 정신을 고집하는 나머지 너무 억제적, 금
욕적인 그의 태도는 필연적으로 불모에 빠지지 않을 수 없었
다. 젊은 시적의 소산인 《스트린드베리와 반 고흐》에서는 저자
의 자기 검열에서 빠진 곳이 있어 도리어 거기에 깊은 통찰을
엿볼 수 있으나, 중세의 철학자 니콜라우스 쿠자누스*를 다룬
만년의 대저에서는 벌써 이런 점은 찾아볼 수 없다.

병적학의 대상은 지금까지 주로 예술가나 사상가였다. 과학
자를 대상으로 한 연구는 볼만한 것이 없고 대부분이 정신의학
적 진단에 시종하였다. 이 사실은 작품론에 파고들지 않고 문
제를 질병과 창조의 직접적 관련성에 한정하는 야스퍼스적인
입장과 무관하지는 않을 것이다. 물론 과학자가 만든 세계가
고도로 전문적이어서 쉽게 우리의 접근을 허용하지 않는다는
사정도 있었을 것이다.

병적학 연구의 둘째 번 입장은 프로이트에 비롯되는 정신분
석학적 방법인데 주로 앵글로 색슨 제국에서 발전하였다. 개인
의 생활사(生活史)를 철저하게 파고들어 생활사상의 사건의 숨은
의미를 문제 삼는 정신분석학은 뛰어난 개인을 연구하는 방법

---

* Nicolaus Cusanus, 1401~1464

6

으로서는 극히 매력적이었다. 그러나 이 방법은 프로이트에 의한 레오나르도 다 빈치*나 윌슨** 연구, 에릭슨***에 의한 루터**** 연구 등의 예외도 있으나 정신분석학적보다 오히려 각각 전문 영역의 연구자, 특히 문학사가에 의해서 적용되고 있는 일이 많아 약간 자의적(恣意的)으로 흐르는 흠이 있다. 또 과학자가 대상이 된 예는 거의 없다.

세 번째 계보는 직접 과학자와 인터뷰하고 심리 테스트를 해서 창조적 과학자 그룹과 비창조적 과학자 또 일반인 그룹과의 대비 연구를 한 것으로서 주로 미국 정신의학의 영역에서 보고되고 있다.***** 이 흐름은 특히 2차 세계대전 후의 미소의 과학 경쟁의 분위기 속에서 발전되었다. 정신분석학과 행동 과학의 영향 아래에 있는 이 연구는 간접적인 방법과 비교하면 압도적인 이점이 있었다. 간접적 방법에 의한 경우 문학자보다 과학자에게는 전기 자료가 빈약하고, 간혹 있어도 외면적인 호의적 전기밖에 없는 것이 보통이었기 때문이다. 그러나 현상은 단순히 윤곽을 잡는 데만 그쳤고 맥클렐런드도 「단정적인 것은 아직 아무 말도 할 수 없다」고 말하고 있다. 이 경우에는 여러 기질의 과학자를 한데 묶어 공통의 특징을 구하는 것 자체에 무리가 있는 것이 아닐까?

저자들은 종래의 천재론이나 질병론에 구애되지 않고 야스퍼스적 자기 한정에서 자유롭게 벗어나 질병과 창조성의 직접적

---

* Leonardo da Vinci, 1452~1519
** Thomas Woodrow Wilson, 1870~1935
*** Erik E. Erikson, 1902~1994
**** Martin Luther, 1483~1546
***** 예를 들면 맥클렐런드(D. C. MacClelland), 로(Anne Roe, 1904~1991)

관련성을 추구하는 그의 차원을 넘어서, 질병도 창조성고 상황이라는 무대 위에서 연출되는 인간 드라마로서 포착하려 하며 질병과 창조성 둘을 포괄하는 광범한 입장에서 시도해 보았다. 저자들은 먼저 과학자의 기질적 특징을 그들의 생활사 속에서 구체적으로 파악하고 기질이 상황 속에서 어떤 모순과 갈등을 일으켜 어떠한 인격적 발전을 이루어갔는가를 살폈다. 특히 어떠한 상황 속에서 과학자로서의 길을 택하였고, 심적(心的) 위기(危機)에 직면하였으며, 지적 생산성의 고조를 보였는가를 기질, 생활사, 상황, 병적 과정 등과의 상호 관련을 포괄적으로 파악하려고 지향하였다. 분열병권(分裂病圈)이나 조울병권(躁鬱病圈)의 과학자를 다룰 경우에는 전후의 서독에서 발전한 발병의 상황론적(狀況論的) 연구(예를 들면 폰바이어, 바우라이코프 등)에서 시사 받은 점이 많았다. 다만 병자가 아니고 창조적 인간을 대상으로 골랐기 때문에 발병을 촉구한 상황에 그치지 않고 발병 억지적(發病抑止的)인 상황도 문제로 하였다. 창조적 개인을 대상으로 하는 병적학은 발병의 병리도 그렇지만 발병 억지의 연구에도 크게 공헌하는 것이 아닐까?

과학자의 정신 병리라는 주제는 우리를 과학자에 독자적인 문제성 속으로 인도한다. 우리는 과학자가 만든 세계의 특징과 기질과의 상관성을 밝히고 거기에서 거꾸로 과학자가 과학의 길을 택하는 계기를 밝혀내려고 시도하였다. 그렇게 함으로써 과학의 성격이나 그 시점에서의 발전 단계와 과학자의 기질과 내적 갈등과의 관련, 즉 과학사(科學史) 속에서의 과학자의 〈만남〉의 성격도 밝혀낼 수 있을 것이다.

우리의 병적학적 방법은 과학자라는 대상의 구조와 분리될 수 없다. 즉 종래의 병적학이 즐겨 다룬 예술가, 사상가의 세계가 주관적, 다의적(多義的)인 데 비해 과학자가 만든 세계는 객관적인 언어로 표현할 수 있는 명확하며 일의적(一義的)인 것이다. 또 일반적으로 예술가가 자신만의 독특한 세계를 혼자서 만들어내는 데 대해 과학자는 학문의 역사적 전개와 긴밀한 관계를 유지하면서 연구를 진행하며 공동으로 연구하는 일도 많다. 이것은 예술가에게는 거의 볼 수 없는 현상이다. 공동 연구에서 창조성의 문제는 협조성이 풍부한 조울병권에 속하는 과학자의 병적(病蹟) 연구의 특유한 주제가 될 것이다. 한편 과학자가 만든 세계는 그 논리성, 실증성, 타당성에 대해서는 예술가나 사상가가 경험하지 못하는 음미를 받는다. 이 음미는 과학자 자신의 내부에서도 끊임없이 행해지고 과학에서의 지적 생산성의 구조 일부가 되어 있다. 이 때문에 예를 들어 스트린드베리, 칸딘스키*, 카프카**, 괴테, 나쓰메 소세키***처럼 병적 체험 속에서의 병적 체험과 깊이 관련되는 창조적 행위는 과학자의 경우에는 원리적으로 적용되지 않을까? 따라서 우리의 결론은 어디까지나 과학자에게만 관련되는 것일 뿐 곧 창조적 인간 전체에 일반화할 수 있는 것은 못 된다.

---

* Vasilii Kandinski, 1866~1944
** Franz Kafka, 1883~1924
*** 夏目漱石, 1867~1916, 일본의 문학가

차례

10

1. 아이작 뉴턴

Isaac Newton
1642~1727

뉴턴의 세계

　뉴턴은 미분법, 색채 이론, 만유인력 등의 발견자, 고전물리학의 체계의 확립자이다. 그의 빛나는 물리학의 체계는 일반적, 포괄적인 것을 다루고 있으나, 동시에 개성적 색채가 강하며 만약 뉴턴이 없었다면 오늘의 과학은 전혀 다른 발전 과정을 더듬었을는지 모른다고까지 일컬어진다. 뉴턴은 아인슈타인*과 비슷한 과학사상 독자적인 위치를 차지한다.

　그의 물리학은 원리의 물리학이라 일컬어진다. 기본적 특징은 가설(假說)을 만들지 않고 원리를 발견하는 데 있다.

　　「내가 의도한 것은 가설로 빛의 성질을 설명하는 것이 아니고 성질들을
　　먼저 제시하고 추리와 실험으로 그것들을 증명하는 것이다」

　　　　　　　　　　　　　　　　　　　　　　　　《광학(光學, Opticks)》

---

* Albert Einstein, 1879~1955

「나는 이 원리들을 만물을 구성하는 일반적 자연법칙이라고 생각하고 있다. 원인은 발견할 수 없지만, 그것이 진리인 것은 현상에 의해서 명확하다」*

그의 지성의 개성적 특징은 세계의 본질, 즉 원리를 무매개적, 직관적으로 포착하는 데 있다. 23, 24살 때 벌써 그는 생애의 가장 중요한 원리들의 발견을 성취하고 있다. 그러나 발견한 원리들의 확실성은 그에게는 명증적(明證的), 절대적이었으나 이것을 실험 혹은 추리로 당장 증명하지는 못하였다. 《프린키피아》를 저술한 목적이 만유인력의 법칙을 유클리드** 기하학적으로 증명하는 데 있었던 것처럼 물리학자로서의 그의 후반 인생은 젊은 날에 발견한 원리들을 실험 혹은 추론으로 증명하는 데 있었다고 할 수 있다. 그러나 그것보다도 자기가 발견한 고유의 원리에 의해 우주 전체를 포괄하는 질서를 구축하는 것이 그의 궁극적 목적이었다.

그런데 이러한 그의 지적 세계의 본질이 되는 특징은 우리 정신과의 눈으로 보면 분열병권(分裂病圈)에 속하는 병자에 고유한 세계의 포착 방법과 아주 비슷하다. 그들도 세계의 본질을 무매개적, 직관적으로 파악한다. 그리고 확실성은 자기에게는 자명한 일 일는지 모르지만, 그것을 논리적으로 다른 사람에게 설명하는 것은 불가능하며 망상적이라고도 할 수 있는 특이한 방법으로 포괄적으로 세계 전체를 설명해 보인다.

이러한 뉴턴의 특징은 전혀 다른 타입의 과학자와 비교해 보면 한층 두드러진다. 예를 들어 《종의 기원》을 쓴 다윈은 뉴턴과는

---

* 《자연철학(自然哲學)의 수학적 원리(數學的原理)(Philosophiae Naturalis Principia Mathematica)》 이하 《프린키피아》
** Eukleides, Euclid, B.C. 300년쯤

대조적으로 현실에 밀착하여 착실하게 관찰과 경험을 깊게 하고 귀납적인 방법으로 세계의 부분에 대해 구체적인 결론을 끄집어 냈다. 이러한 세계의 포착 방법은 조울병권에 속하는 사람들에게서 우리가 자주 발견하는 것이다. 크레치머는 이미 그의 저서 《천재인》의 「연구자」의 항목에서 분열기질자에 속하는 사람으로는 정밀한 이론가, 체계 수립자, 형이상학자를, 순환기질자에 속하는 사람으로는 사실적으로 기술하는 경험자를 들고 있다.

뉴턴의 세계를 구성하는 중요한 부분으로서 보아 넘길 수 없는 것은 연금술(鍊金術)에 관한 연구, 종교적 연구이다. 그는 연금술, 신학에 대해서 100만어 이상에 달하는 방대한 저술을 남겼다. 이 저작들은 그의 명성을 훼손하는 것이라 하여 의식적으로 감추어져 발표되지 않았고, 일부는 산일하여 현재까지 충분히 고증되어 있지 않다. 이 순서를 산일에서 구해낸 경제학자 케인즈*에 의하면 그것은

① 삼위일체의 부정, 즉 그리스도의 신성을 부정하는 아리우스파(Ariusian)의 입장의 옹호

② 우주의 신비적 진리를 성서 속에서 찾으려는 시도

③ 연금술-변성, 화금석(化金石), 불로불사의 영약에 관한 것

이며 양에 있어서 물리학이나 수학의 연구를 압도하고 있고 뉴턴은 최초의 근대 과학자라기보다 최후의 마술사라고 해야 할 것이라고 말했다. 여기에 이론이 있다 하더라도 그가 생애를 통하여 끊임없이 연금술에 관한 실험이나, 당시의 풍조로 보아 이단인 입장에 서는 신학적 사색에 빠졌던 것은 의심할 바 없

---

* Sir. John Maynard Keynes, 1883~1946

는 사실이다. 그러나 그런 가운데서도 뉴턴의 사고는 「광기 어린 것이지만 매우 조리가 서 있고」, 「주도면밀한 학식, 정확한 방법, 서술의 극도의 진지성」(케인즈)이 일관되어있다. 이 케인즈의 평은 그대로 만성망상환자(慢性妄想患者)의 망상 체계에도 들어맞는다.

일반적으로 분열병질자는 정면(正面)만 봐서는 뒤에 무엇이 있는지 헤아릴 수 없다. 우리는 여기서 분열병질자의 세계에 대한 크레치머의 유명한 비유를 상기하게 된다. 「많은 분열병질자는 나무 그늘이 적은 로마(Roma)의 집들이나 별장이, 이글거리는 햇살 때문에 덧문을 닫은 것과 마찬가지다. 그 방의 희미한 빛 속에서는 축제가 한창인지도 모른다.」 뉴턴은 연금술이나 신학에 관한 연구를 출간할 의도를 전혀 갖지 않았다. 그에게는 물리학은 정면에 해당하고, 연금술 등의 연구는 크레치머가 말하는 내면의 축제에 해당하는 것이 아닐까?

그는 당시 지배적이었던 삼위일체의 신앙을 버리고 그리스도의 신성(神性)을 부정하는 아리우스파의 입장을 옹호하면서 한편에서는 우주의 신비를 성서 속에서 찾으려고 시도하였다. 교직에서 내쫓길 위험을 무릅써 가면서까지 왜 그가 아리우스파의 이단 신앙을 몰래, 그러나 집요하게 주장했는가 하는 이유는 모른다. 그러나 그가 아버지의 얼굴을 모르는 아이로서 그리스도 탄생일인 크리스마스(구력)에 출생한 사람이라는 사실은 하나의 단서가 될는지도 모른다. 아버지는 그의 생명을 〈출발〉시켰지만, 그의 탄생 이전에 세상을 떴다. 아버지와 그 사이에는 전혀 현실적 관계가 없고 그는 아버지가 남긴 얼마 안 되는 유물이나 아버지에 관한 주위의 얘기를 실마리로 아버지의 존재, 아버지의 모습을 상상할 수밖에 없었다. 그는 자신을 그리스도와 견주었던 것은 아닐까?

프로이트는 모든 꿈에는 이해할 수 없는 〈배꼽〉 같은 것이 있다고 하였다. 자기 완결적인 뉴턴의 체계가 그의 개인사(個人史)와 연결되는 유일한 〈배꼽〉은 아리우스파 신앙과 그의 부자 관계와의 대응이라 해도 좋을는지 모른다. 그의 종교관은 그의 물리학의 체계와도 관련이 있다. 그리스도의 신성을 부정하는 것은 아버지 나라와 아들 나라와의 단절을 뜻하는 것이 되는데 그의 물리학에서의 신도 우주의 원초에 모든 행성(行星)의 초기 조건을 정하고 행성의 운동을 〈출발〉 시킨 뒤에는 긴급한 경우 외는 우주의 질서에 개입하지 않고 천체는 신이 준 〈초기 조건〉에 따라 영겁 회귀 운동(永劫回歸運動)을 반복한다. 그의 논적 라이프니츠*는 뉴턴은 한 걸음만 더 갔으면 무신론자가 되었을 것이라고 비난했지만 이것은 근거 없는 말은 아니다.

뛰어난 자연 과학자이면서 신앙인이었던 사람으로는 곧 파스칼**의 이름이 생각난다. 그러나 뉴턴은 파스칼에서 볼 수 있는 과학과 신앙과의 심각한 내면적 상극과는 전혀 동떨어진다. 뉴턴에 있어서는 물리학도 연금술도 신학도 모두 하나였다. 굳이 말한다면 그것은 이신론(理神論)에 가까운 신학 체계라고 규정할 수 있을 것이다. 그는 전 우주의 수수께끼를 신이 여기저기에 숨겨 둔 실마리를 바탕으로 풀 수 있다고 생각하였고 그 실마리를 천공이나 원소의 구조나 성서 속에서 구했다. 이렇게 만들어진 그의 전 세계와 현실과의 접점이 그의 물리학이며, 그

---

* Gottfried Wilhelm Leibniz, 1646~1716
** Blaise Pascal, 1623~1662

의 내면의 축제는, 물리학이라는 창구를 통해서남 현실적 세계로 트여 있었다. 이것이 그의 전 세계 가운데서 물리학만이 현실 타당성을 갖는 이유이다. 물리학의 업적 발표가 그에게 현실 세계와의 접촉을 가져다주고 그것이 또한 그의 존재의 위기를 낳게 되었다.

성장

아이작 뉴턴은 율리우스력(Julian Calendar) 1642년 크리스마스에 잉글랜드 동해안에 가까운 울즈소프(Woolsthorpe) 마을에서 태어났다.

마을의 유지라고는 하지만 뉴턴 집안은 격이 낮고 그 가게는 겨우 뉴턴의 증조부대까지 올라갈 수 있는데 불과하다. 아버지는 「거칠고 별난 사람으로 무기력한 사나이」이었다고 나중에 뉴턴의 의붓아버지가 된 목사가 말하고 있다. 아마도 분열병질의 한 유형에 속하는 별난 사람이었던 모양이다. 37살에야 겨우 가까운 이웃 농가의 딸과 결혼하고 그 몇 달 후에 사망하였다. 그 직후에 태어난 뉴턴은 아버지의 모습을 전혀 몰랐고 또 그것을 좇은 흔적도 없다. 그가 아버지나 조상에 관심을 보인 것은 만년에 유족으로 서작(敍爵)되려 할 때 그의 계보를 당국에 제출해야 할 필요가 생겼을 때뿐이다.

일찍 과부가 된 어머니는 뉴턴의 세 살 때 근처의 목사 바너버스 스미드(Barnabas Smith)와 재혼하였다. 할머니 밑에 홀로 남은 뉴턴의 유년 시절에 대해서는 극히 조금밖에 알려지지 않았다. 그는 마을의 학교에 다녔는데 침울하고 말수가 적고 어린이다운 놀이에도 끼지 않았고 혼자 생각에 잠기는 일이 많았다. 그의 유년 시절에는 깊고 친밀한 인간관계 전혀 없다고 할 만큼 결여되고 있다. 그는 이런 상태에도 반항하지 않고 몰래 내면의 꿈을 키우고 있는 눈에 띄지 않는 온순한 아이였다. 이대로 성장했다면 뉴턴은 아버지의 우산을 조용히 지키며 평생을 보내는, 좀 별난 유지로서 잉글랜드의 시골에 묻혔을는지도 모른다.

그의 운명이 바뀐 요인은 먼저 아버지 친척 쪽에서 작용한 데 있다. 어머니는 생애를 농부(農婦)로서 시종하고 후년의 뉴턴의 명성에도 전혀 흔들린 적이 없는 사람이었다. 이것에 반해서 아버지 쪽의 친척 중에는 전통적인 농장주 외에 약제사, 목사, 의사 등이 나왔다. 중세 유럽의 봉건적 농촌의 전형으로서 흔히 인용되는 잉글랜드의 장원(莊園, Manor)에도 시민 사회의 물결이 밀어닥쳐 농촌의 소지주 계급 가운데에도 신흥 소시민적 지식 계급에의 전화를 꾀하는 사람도 적지 않았던 것 같다. 뉴턴의 친척 중에서 이 움직임에 따른 사람들은 달도 차지 않고 태어난 허약한 뉴턴이 어느새 몸도 건강해지고 마을 학교에서 상당한 성적을 올리고 있는 것을 알고 원조하여 장래에는 의사나 목사, 즉 그들의 일원으로 키우기로 하였다. 뉴턴은 근교의 그랜섬(Grantham)의 학교에 들어갔다.

뉴턴은 그랜섬 학교에 그의 고독한 생활양식을 옮겼다. 그는 독학자였다고 해야 할 것이다. 사적인 노트를 만들어 눈에 띈 사물이나 독서의 내용을 수시로 적어 넣었다. 또 수집을 즐겨, 특히 약초를 모았다고 한다. 무슨 일이든지 스스로 시험해 보지 않고는 못 배기는 실험벽도 이미 주위의 시선을 끌고 있었다. 또 기계 만지기를 좋아하여 물레방아의 모형이나 해시계, 물시계도 실제로 제작하였다.

이런 제작벽, 실험벽, 기록벽, 수집벽은 생애를 통하여 일관했으며 뉴턴의 가장 기본적인 활동 양식이 되었다. 그는 렌즈 연구를 잘했는데 만년까지 흔히 〈뛰어난 렌즈연마의 마스터〉라고 자칭하였다. 실제 그가 잉글랜드의 과학자들에게 알려지게 된 것은 반사 망원경을 제작했기 때문이다. 또 그의 생애의 창조적인 시기에도, 창조력이 고갈된 것처럼 보인 시기에도 그의 연금술 실험의 정열이 꺼진 일은 없었다. 이렇게 고독한 실험자, 기록자로서의 뉴턴의 모습은 그랜섬의 학교에 들어간 12살 때에 이미 나타났다고 해도 되겠다.

뉴턴은 일생을 독신으로 지냈으며 생애 대부분을 케임브리지(Cambirdge) 대학의 기숙사의 한 방에서 기거하였다. 고립에 강하고 윤택 없는 환경에 견딜 수 있는 분열병질적 특징은 뉴턴 생애의 가장 명확한 각인(刻印)이다.

뉴턴의 고독을 학자다운 유유자적하는 은거로 잘못 생각해서는 안 된다. 그는 남에게서 받는 위협에 극도로 민감하여 공포가 섞인 경계심을 갖고 다른 사람과 어떤 거리를 두기 위해 항상 주도한 주의와 노력을 쏟았다. 일찍이 그랜섬 학교 시절 주어진 책상이 바뀔 때마다 그는 자기 이름을 칼로 새겨 다른 사람의 〈침입〉을 막았다. 이런 경향은 평생 변하지 않고 계속되었으며 자기의 연구가 외부로 새어 나가 다른 사람이 훔쳐갈까 늘 두려워했다. 그러나 외계와의 거기가 위협되는 위기의 시기는 분열병 발병의 위기인 동시에 두드러진 창조성이 고조되는 시기이기도 하였다. 위기가 지니는 이 이중성이 내포하는 바를 밝혀내는 것은 뉴턴 연구의 주제의 하나이다.

이 이중성은 그랜섬 시대에는 명확하지 않다. 그러나 이 시기에도 이미 다른 사람에 대한 경계심, 깊은 인간관계에 대한 공포는 다른 사람에게 대한 깊이 숨겨진, 거의 환상적이라고까지 할 동경으로 가득 찼다. 물론 어릴 적에 깊은 인간관계를 체험하지 못한 뉴턴으로는 이 동경은 거의 실현 불가능한 것이었다. 소년 시절의 뉴턴은 혼자 연 올리기를 좋아했으나 때로는 밤에 초롱을 매달아 연을 올려놓고 시치미를 떼며 새로운 혜성(彗星)이 나타났다고 마을 안에 퍼뜨리고 다녔다고 한다. 당시 혜성의 출현은 큰 이변의 전비(前非)로 생각하였다. 사람을 놀라게 하는 이러한 에피소드는 만일 뉴턴이 지성이 부족한 사람이었다면 사람들이 놀라 허둥대는 꼴을 보고 시치미를 떼고 좋아하는 방화 소년이 되지 않았을까 하는 생각마저 들게 한다. 이것은 그의 애정의 굶주림을 나타내고 있는 것은 아닐까?

그는 일생 그와 접촉하는 사람이 적인가 자기편인가에 대해서 민감하였다. 누구보다도 분명히 친한 자기편인 로크*나 몬태규**마저 함정을 파고 있지 않을까 병적인 의심을 버리지 못한 만년의 그의 모습은 인간에 대한 신뢰감이 근본적으로 결핍된 사람의 가련함이 엿보인다. 그러나 이러한 적과 자기편에 대한 민감성은 오히려 인간관계를 중대하게 생각하는 나머지 자기편을 획득하려는 노력으로 볼 수도 있다.

더 깊이 뉴턴의 인간관계를 살펴보면 눈에 띄지 않지만, 생

---

* John Locke, 1632~1704
** Charled Montagu, 1661~1715

애를 일관해서 존재하는 다른 일면이 있다. 그가 소중하다고 생각했던 소수의 여성에의 일방적인 헌신이 그것이다.

전기에는 뉴턴과 어머니와의 생애에 걸친 친밀성에 대해서 씌어 있다. 뉴턴이 세 살 때 그를 조모에게 맡기고 재혼한 어머니는 10년 후에는 남편과 사별하여 울즈소프의 농장으로 되돌아왔다. 그녀는 뉴턴의 재능을 인정하지 않고 그랜섬의 학교를 그만두게 하여 농장 일을 돕게 하였다. 그는 어머니의 말에 순종하여 농장으로 돌아왔다. 그가 2년 후 그랜섬의 학교에 복학하고, 다시 1년 후에 케임브리지 대학으로 진학하게 된 것은 순전히 아버지 쪽 친척들의 어머니에 대한 끈질긴 설득의 결과였다. 계급 분해를 일으키고 있었던 잉글랜드 소지주 계급의 견해 차이도 반영하였을 것이다. 그러나 뉴턴이 모자 관계를 중대시한 것은 확실하다. 어머니는 그에게 주전적(呪纏的)인 영향력을 미치고 있었던 것이 아닐까? 케임브리지 대학교수가 된 후에도 자주 어머니의 농장으로 돌아와 농사를 거들고 임종에 즈음해서는 밤을 새워 간호하였다.

그는 아버지나 다른 여동생에게도 인심이 후하였다. 그는 여동생의 딸을 무척 귀여워하여 만년에는 함께 살기도 하였다. 그녀가 결혼한 후에는 그녀의 남편을 자기 후임으로 조폐국 소장의 자리에 앉혔고 32,000파운드의 유산을 모조리 이 부부에게 물려주었다. 또 그랜섬 학교 시절에 하숙한 약국의 양녀 스토리(Storey) 양에 대해서는 불과 2년 동안의 담담한 우정에 보답하기 위해 후에 유부녀가 된 그녀의 경제적 위기를 여러 번 구해주었다.

뉴턴의 전기에 나오는 실제의 여성은 이 세 사람뿐이다. 누구에게나 뉴턴 쪽이 상대와의 관계를 중대시하고 더구나 현실적인 상호 관계나 반대급부를 바라지 않고 어떤 거리를 두면서 거의 일방적인 헌신으로 시종하고 있는 것이 큰 특징이다.

스토리 양은 생존 중에 벌써 '뉴턴 경의 숨겨진 사람의 상대'로 알려져 '만약 뉴턴 경이 청혼했다면 당신은 받아들였겠느냐?'는 물음에 부정하지 않았다고 한다. 하긴 몇 차례 재혼 끝에 늙어, 뉴턴으로부터 현실적으로 경제적으로 원조를 받은 후의 일이기는 하지만, 조카 딸 캐서린(Katharine)이나 스토리 양에 대한 뉴턴의 감정이 환상 속에서 아무리 에테르 적인 향기에 가득한 것이라 한들 현실적인 성의 달콤한 냄새는 없다. 아마도 그는 실제의 여성(정확하게는 살아 있는 육신을 가진 여성이 그에게 일으키게 하는 감정)을 이겨낼 수 없었던 것 같다. 그것은 거의 파멸적이라고 할 만큼 날카로운 양의적(兩義的) 감정이었을 것이다.

과연 뉴턴의 생애에 제4의 여성이 등장한다. 뒤에서 말하겠지만 「로크가 여성을 시켜서 유혹하였다」고 분격한 편지 속의 여성이다. 이 여성은 산 육신을 갖지 않았고 50살인 뉴턴의 망상 속에서만 존재하였다. 망상의 내용이란 자아가 자기 안에서 견딜 수 없는 것을 자아 밖으로 방출하여 외부에 투사한 것에 지나지 않는다.

배로와의 만남

케임브리지 대학에 입학했을 때의 뉴턴은 기계 만지기를 좋아하는 별나고 고립된 소년에 지나지 않았다. 당시 18세인 그

의 학문적 소양은 같은 연배의 데카르트*나 파스칼과는 비길
수 없었고 유클리드의 《기하학원론(Elements)》 조차 몰랐다. 그
는 그대로라도 「뛰어난 렌즈 연마의 마스터」, 즉 탁월한 기술
자는 되었을 것이다. 그래서 그의 내면에 무엇인가 일어나지
않았더라면 그 후 불과 6년 동안에 이후 200년 동안 학계를
지배한 뉴턴 물리학의 원형이 태어나지 못했을 것이다.

런던(London)에 페스트(黑死病)가 유행했던 1665~1667년에
뉴턴은 고향 울즈소프의 장원으로 돌아와 난을 피하였다. 22~
24살에 걸친 이 시기에 그는 생애의 가장 중요한 업적인 원리
들, 즉 만유인력, 역학이나 광학의 법칙, 미적분학 등을 직관적
으로 발견했다고 전해지고 있다. 이 시기가 〈창조적 휴가〉라고
불리는 이유이다. 사과가 나무에서 떨어지는 것을 보고 중력(重
力)의 존재를 생각하였다고 하는 전설은 이 시기에 생긴 일이다.

그러나 전기를 면밀하게 살펴보면 이 결정적인 시기에 앞선
3년 전 학생 시절인 1663년 20살 때 이미 광학에 대한 관심
이 일기 시작했고, 1664년(21살)에는 무한급수를 발견하기도
하고, 달의 주위에 생기는 고리를 관찰하는 등 그의 창조성의
고조는 이미 분명하였다.

이 창조성의 해방이 현실적으로 학문의 세계에 꽃피기 위해
서는 하나의 〈만남〉이 필요했었다. 그것이 아이작 배로**와의
만남이다.

뉴턴의 광학에 관심을 보이기 시작한 1663년 케임브리지 대
학에 〈루커스 수학 강좌(Lucacian Professor)〉가 신설되어 그

---

* René Descartes, 1596~1650
** Isaac Barrow, 1630~1677

초대 교수로 부임해 온 것이 33살 배로였다. 고전학자로 출발한 수학자, 물리학자이다. 수학자로서의 배로는 미적분학의 선구인 「아르키메데스*의 (기하학적) 방법을 철저하게 몸에 익힌 소수의 수학자」[부르바키(Nicolas Bourbaki)]의 한 사람이었으며 대륙의 페르마**, 파스칼, 호이겐드***와 맞서는 영국의 수학자였고 페르마의 접선법(接線法)을 개량해서 미적분학의 길을 텄다. 1670년에 출판된 《기하학 강의(Euclid's Elements)》의 첫머리에서 그는 직선 운동에 있어서 주행 거리는 시간 축과 속도의 곡선에 둘러싸인 넓이(즉, ∫t Vdt)에 비례한다는 것을 원리로써 정립하였다. 그러나 그는 기하학의 범위를 넘지 못하고 접선의 기울기와 넓이의 관계, 즉 미분 몫과 적분의 관계를 발견하기 일보 직전에 멈춰버렸다. 그는 기하학자였고, 물리학에서는 특히 기하광학(幾何光學)에 뛰어난 업적을 남겼다. 후에 플라톤**** 주의적 신학자로서 시간과 공간의 절대성을 주장한 것도 기하학적 정신과 무관하지는 않을 것이다. 이러한 한계는 있었지만, 배로는 많은 면에서 뉴턴의 직접적인 선구자이며 뉴턴의 업적이 배로에 자극되어 배로의 사상을 내적으로 섭취하면서 형성되었다고 추정할 수 있다.

배로는 자기보다 12살 아래인 고독한 소년 뉴턴에게 지나칠만큼 후의를 베풀었다. 배로와 만나기까지는 사환으로 일하면서 배우는 〈서브시디어리(Subsidiary)〉였던 가난한 뉴턴을 1664년에 정식으로 스칼라(Scholar)로 만들었고 이듬해에는 바칼라

---

* Archimedes, B.C. 287~212
** Pierre de Fermat, 1601~1665
*** Christiaan Huygens, 1629~1695
**** Platon, B.C. 427~347

우레우스(Baccalaureus)를 주었다. 뉴턴은 1667년에는 케임브리지 대학 트리니티 대학(Trinity College)의 마이너 펠로(Minor Fellow)에, 반년 후에는 메이저 펠로(Major Fellow)가 되었고 이어 석사(Master of Arts)의 학위를 얻었다. 그 이듬해 1669년 아직 39살인 베로는 불과 26살의 뉴턴에게 교수의 자리를 물려주고 성직에 몸을 던졌다. 베로가 당시 영국 최고의 수학자였던데 반해 뉴턴은 아직 업적 하나도 없고 「무한급수의 방정식에 의한 분석에 대하여」라는 논문을 겨우 스승의 교열을 받는 중인 일개 학도에 지나지 않았다. 뉴턴이 보이기 시작한 재능이 아무리 높이 평가되었다고 하더라도 배로의 은퇴는 너무 빨랐던 것 같다. 배로의 심경은 수수께끼이다.

배로는 뉴턴이 가질 수 있었던 처음이자 가장 깊은 인간관계의 상대였다. 배로와 만남으로써 비로소 뉴턴은 자기의 모델을 얻었다. 자기 동일성(Identity)의 확립이 뉴턴을 창조성의 급격한 해방으로 유도한 것 같다.

분열병질의 소년 뉴턴의 강렬한 대인 공포와 자폐성의 껍질을 깨뜨리고 깊은 인간적인 〈만남〉이 성립되기 위해서는 〈만남〉의 상대가 수용적이며, 그의 경계심을 스스로 풀 만한 정신요법에서의 〈치료자〉이었던 것이 아닐까? 즉 배로는 물리학자로서의 모델 이상으로 긍정적인 의미에서는 현실적인 인간의 모델이었고, 이를테면 현실을 대표하여 뉴턴의 눈에 비치는 현실을 신뢰할 수 있는 것으로 보이게 하고 뉴턴의 내면의 세계를 현실로 향하게 하는 〈현실에의 매개자〉, 〈현실에의 창구〉이었던 것이 아닐까?

1664년에 시작된 배로와의 〈만남〉은 1665~1667년에 걸친

〈창조적 휴가〉와 이어진다. 어릴 적부터 키운 환상적 세계는 배로와의 만남을 축으로 세계를 포괄하는 원리를 지적으로 밝히려 하는 지향 아래 창조적 휴가 사이에 그의 내면에서 직관적인 것으로서 결정하였다고 할 수 있다.

그러나 창조적 휴가에서의 이 결정화를 설명하는 데는 더욱 구체적인 상황론적 고찰이 필요할 것이다. 페스트의 유행은 일시적이나마 뉴턴을 배로로부터 떼어 놓았다. 이 격리는 보호자로부터의 분리를 뜻하는 동시에 기계 만지기를 좋아하는 소년에서 창조적 과학자로 급격히 변모한 뉴턴이 자기를 되찾는 데 필요한 기간이기도 하였다. 일반적으로 훌륭한 연장자와의 만남은 자기의 모델과 만남이라는 뜻에서 자기 확립의 계기인 동시에 상대의 압도적인 영향력에 의해 모델 속에 자기를 잃어버리는 자기 상실의 위기도 의미한다. 특히 분열병질자가 상대로부터 적당한 심리적 거리를 취함으로써 자신을 지키려 하는 것은 그들의 본성이 〈자폐적〉이기 때문이 아니라 거꾸로 그들은 상대에 대해 너무 민감하고 자기가 상대로부터 완전히 투시되고 있다고 느끼기 때문이다. 그들은 자기와 다른 사람과의 경계선을 쉽사리 놓쳐버린다. 특히 강한 자아와의 만남은 흔히 상대의 자아가 글자 그대로 자기 속으로 침입해 들어온다고 느낀다. 분열병자는 상대와의 과도한 접근으로 인하여 도리어 사람과 〈만나지 못한다〉고 한다. 그들은 위기를 민감하게 알아차리고 스스로를 자기 상실로부터 지킨다. 페스트에 의한 배로와의 일시적 분리는 뉴턴에게 한숨을 돌리게 하고 자기를 되찾게 하고 만남에 의해 시작되었던 자기 동일성의 확립을 더욱 깊게 한 것이 아니었을까?

28

페스트의 유행이 세계 종말적 분위기를 만들고 있었다는 사실도 간과할 수는 없다. 《로빈슨 크루소(Robinson Crusoe)》의 저자 디포*는 런던의 페스트 유행을 《역병의 해의 기록(The Journal of the Plague Year)》(1721)으로 쓰고 있는데 당시에는 페스트에 대해서 전혀 손을 쓰지 못하고 페스트는 런던의 한 시구로부터 다른 시구로 서서히 그러나 확실하게 번져나가 매장할 일손도 장소도 없어서 주검은 그대로 버려졌고 사람들은 공포에 빠져 교외로 도망가고 비위생적이기 짝이 없는 상태에서 노숙하고 있는 모습을 생생하게 묘사하고 있다. 중세 말기 이래 유럽에서는 페스트가 되풀이 유행하였다. 사람들은 그것을 인류의 오만을 벌하는 신의 회초리라 부르고 있었다.

우리는 이미 소년 뉴턴이 혜성 출현의 소문을 퍼뜨리고 좋아하는 것을 알았다. 여기에는 하나의 세계 종말에 관한 환상이 엿보인다. 분열병질자에게는 세계란 전체적으로 위협받는 것이었다. 페스트의 유행은 말하자면 현실이 환상에 다가섰다는 것이라고 할 수 있다. 현실이 일찍부터 내면에 숨겨진 환상에 접근하는 것은 분열병의 소지가 있는 사람에게는 일종의 역설적 고조감(高潮感)을 일으킨다. 그것이 분열병의 발병의 계기가 되는 것은 잘 알려져 있다. 그러나 동시에 지적 창조성의 방아쇠를 당길 수도 있다. 세계 종말감이란 미래 박탈감과 다름없으며 심리적 유예의 철회를 촉진하고 마치 세계 종말의 도래와 앞을 다투듯이 세계의 지적인 최종적 해결을 기도한다. 소위 〈포츠머스 문서〉(뉴턴의 〈내면의 축제〉로서 쉴 새 없이 계속되었던 연금술과 이단적 신학의 연구)의 최초의 날짜도 대략 1666년, 즉

* Daniel Defoe, 1659?~1731

페스트 피란의 한창때와 일치한다.

최초의 위기

1669년 뉴턴은 배로의 뒤를 이어 교수가 되었다. 일생을 통해서 해야 할 일의 윤곽은 이미 창조적 휴가 동안에 구상되었다고 하더라도 앞으로 오랜 시간을 들여 그는 그것을 실증해 가야만 했다. 실제로 그는 그것에 그의 전 생애를 소비하였다.

뉴턴의 강의는 학생들에게는 난해하고 지루한 것이었다고 전해진다. 그러나 그가 죽은 후에 출간된 것을 보면 초기의 강의는 명확한 표현, 솔직한 언명이 눈에 띄는 발랄한 것이었고 광학 강의 속에서는 그는 아리스토텔레스*를 비롯한 권위들을 차례로 공격하였다. 그의 자부를 상상할 만하다.

동시에 대인적 거리에 대한 그의 조심성도 노골적인 공포의 뉘앙스가 줄고 세상을 알게 된 데 바탕을 둔 주도한 배려라는 여유 있는 모양으로 변화된 것 같다. 교수로 취임한 1669년 그는 외국으로 여행을 떠나는 친구에게 보낸 편지 속에서 외국에서의 생활의 원칙을 일러주고 있다. 외국에서는 먼저 싸움을 걸어서는 안 된다든가, 헐뜯기보다 칭찬하라든가, 모욕에 대해서는 인종하라는 등을 적고 신중하며 공손하고 절도 있는 불우섭주의를 권고하고 있다. 뉴턴은 이때 아직 26살의 청년이었으며 더구나 외국 생활의 경험도 없었다. 이 편지 속에서 외국 견문의 중요성을 강조하고 보아야 할 포인트마저 가르치고 있다. 이 시기의 뉴턴은 조심성을 잊지 않는 동시에 외계로 트인

---

* Aristotels, B.C. 384~322

안목을 가지고 있었다고 말해도 좋을 것이다. 같은 편지 속에서 그는 「만약 당신이 들어간 사회보다 한층 똑똑하거나 박식한 것같이 보이면 당신의 얻는 바는 전무에 가까울 것입니다」라고 말하고 있다.

데카르트가 만년에 네덜란드에서 보낸 〈숨어서 사는 것〉을 최상으로 하는 삶의 방법을 뉴턴도 좋아했던 것 같다. 1669~1671년에 걸쳐 그는 무명을 즐기면서 빛과 빛깔의 이론 완성을 향해 극도로 집중된 노력의 나날을 보냈다.

그러나 뉴턴이 본의 아니게도 유명해질 날은 멀지 않았다. 당시 보급된 갈릴레이형 굴절 망원경은 렌즈의 주변부에 구면수차(球面收差)에 의한 상(像)의 일그러짐이 생기는 것을 피할 수 없었다. 포물면경을 씀으로써 구면수차를 없애는 반사 망원경의 착상은 뉴턴이 25살 때로 거슬러 올라가지만, 곡면 유리의 도금 법에 문제가 있었다. 그는 천성인 장인적 재능으로 이것을 해결하고 1671년 28살 때 드디어 반사 망원경을 완성하였다. 뉴턴은 당장에 유명해지고 망원경을 왕에게 바쳤다. 왕은 뉴턴을 가상히 여겨 설립한 지 얼마 안 되는 왕립 학회의 회원으로 추천하였다.

여기서 당시 과학계 커뮤니케이션의 상태를 알아 둘 필요가 있다. 오늘날과 같은 학회, 학술 잡지 등이 있는 근대적 학계의 조직은 17세기 말에 시작된 것이다. 왕립학회 설립 이전에는 학술 잡지가 전혀 없었고 과학자가 자기 연구를 남에게 알리고 싶을 때는 편지를 내든가 책을 간행하는 수밖에 없었다. 출판은 자비든가 그렇지 않으면 후원자를 찾아내야만 했고 대개 몹시 시간이 걸렸다. 과학의 정보는 주로 편지나 구전으로 퍼졌다. 17세기에는 방대한 편지 왕래가 국경을 넘어 행해졌고 편지의 중개인까지 나타났다. 데카르트의 유명한 〈메르센에의 편지〉의 수신인 메르센*도 이런 중개인이었다. 과학 애호가인 그들은 과학적 서적을 복제해서 그럴 만한 곳으로 돌려 회답을 촉구하고 논쟁을 매개하기도 하였다. 과학 잡지 편집자의 선구적 형태라고나 할까? 그러나 편지는 이따금 그들 손으로 수정되거나 왜곡되기도 하였고 그들의 의견이 삽입되기도 하였다.

왕립 학회의 설립은 획기적인 것이었다. 비로소 공개된 석상에서 발표와 토론이 이루어지고 논문이 기관지에 게재되는 근대적 학회 조직이 탄생하였다. 편지 중개인 대신 학회의 사무국이 등장하였다. 사무국에 모이는 사람들은 과학자들에게 연구를 촉구하고 방향을 제시하며 논쟁을 붙이는 역할에 기쁨을 느꼈으나 개중에는 과학자를 조종하는 음습한 권력을 즐긴 사람도 있었다. 왕립 학회의 사무국에는 낮은 신분의 출신인 훅**이나 독일 태생의 외국인 올든버그(Henry Oldenburg)가 있었다. 훅은 학회 전속의 실험자였고 학회로 제출되는 연구를 검증하는, 과학자에 대해서는 강력한 입장에 있었다. 올든버그는 과학자를 맞세워 논쟁을 붙이는 경향이 강한 사람이었다.

1672년 29살의 뉴턴은 「빛과 빛깔의 새 이론」을 왕립학회에서 발표하였다. 그러나 당장 훅의 격렬한 비판을 받았다. 훅의 비판은 실제로는 칭찬도 포함하고 있었지만, 뉴턴의 마음에 평생 지울 수 없는 상처를 남겼다. 뉴턴은 비판을 두려워하고 극도로 발표하기를 꺼리게 되었다. 《광학》은 뉴턴의 이론 중에서

---

* Martin Mersenne, 1588~1648
** Robert Hooke, 1635~1703

가장 일찍 쓰인 것인데도 출간은 가장 늦었으며 혹이 죽은 다음에야 겨우 그 이듬해 1704년 뉴턴이 62살 때에 상자(上梓)를 보게 되었다.

뉴턴의 병적인 발표 기피는 유명하지만, 그것은 과학자로서의 출발 때부터 있었던 것은 아니다. 「빛과 빛깔의 새 이론」의 발표는 「망원경을 제작하기 위한 기초가 되었던 철학적 발견」에 관한 보고서를 보내겠다는 뉴턴의 신청에 따라서 이루어졌다. 뉴턴은 이때 「이 철학적 발견 쪽이 망원경보다 훨씬 중요하다」는 것을 강조하였다. 이러한 개방적인 태도는 혹의 일격에 의해서 영구히 잃어버리게 되었다. 그뿐만 아니라 혹에 의한 비판(1673) 직후 뉴턴의 언동에는 상궤(常軌)를 벗어난 이상한 점이 나타났다.

그는 먼저 올든버그에게 왕립 학회로부터 제명해 줄 것을 의뢰하였다. 그는 앞으로 일체 자연 과학의 연구를 그만두겠다고 써 보냈다. 그러나 그의 희망은 받아들여지지 않았고 오히려 회비 면제라는 특전이 부여되었다. 그러자 그는 케임브리지 대학의 민법 강좌의 로 펠로(Law Fellow)에 입후보하였다. 그러나 낙선되고 법학자로의 전향도 성공하지 못하였다. 이 무렵 그는 화를 잘 내고 명랑하지 못했으며 교실에서 지리학의 강의를 하는 등 괴상하고 당돌한 행위를 보였다.

여기서 첫 번째 분열병이 발명한 것이라고 해도 이상하지 않지만 이 이상 그것을 입증할 자료가 없다. 그러나 그가 이 시기에 비판 때문에 존재가 진감(震撼)되고 거기서부터의 긴급 피난은 사회가 허용하지 않아 심리적으로 궁지에 빠졌던 것은 틀림없다.

광학 이론 발표 후 4년에 걸친 논쟁이 있은 다음 뉴턴은 스스로 이렇게 기록하고 있다.

「나는 자신을 학문의 노예로 만들고 말았습니다. 앞으로는 나 혼자만의 만족을 위한 것 외에는 철학과 영원히 이별을 고하겠습니다」

(1676년 올든버그에의 편지)

「나는 빛의 이론 발표에 의해서 생긴 논쟁으로 매우 괴로웠으므로 실질적인 정복을 잃은 무분별을 스스로 책망했습니다」

(1676년 라이프니츠에의 편지)

색채 이론 논쟁이 시기를 경계로 뉴턴은 차츰 마술사적인 은둔 생활의 양상이 강해졌다. 기본적인 성격은 변하지 않았어도 대인 공포, 조심성, 의심증이 전면으로 나왔다. 로커스 강좌를 승계한 위스턴(Wiston)에 의하면 뉴턴은 「내가 아는 한 가장 겁쟁이고 조심성 많고 의심이 많은 기질」이며 「자신의 사상, 신념, 발견을 적나라하게 세상의 검열이나 비판에 내맡기는 것에는 심한 공포를 지닌 사람」이었다. 병적인 발표 기피, 반박 공포, 인간 불신이 나타나 교수 취임 직후의 강의나 편지에 보였던 유연한 사고나 대인 관계는 영구히 상실되었다. 1672년 이후 그는 자진해서 연구를 발표한 일이 없다. 주위 사람들의 강한 권유나 재촉이 없었더라면 현재 볼 수 있는 훌륭한 그의 업적들은 세상에 알려지지 못하고 묻혀버렸을 것이다.

「뉴턴의 발견은 이중성격을 띠고 있다. 뉴턴이 발견했다는 것을 세상 사람들이 발견해야만 했다」

(드 모건)

인격의 변화만이 아니었다. 1675~1683년에 걸쳐 뉴턴의 창조성은 분명히 저하된 것같이 보인다. 이 기간은 그의 32~40 살에 해당한다. 이 시기에 남겨진 것은 약간의 편지뿐이며 그것도 내용이 빈곤한 것들이다.

대수와 산술 강의는 계속되었다. 그러나 〈지루하다〉는 평판으로 가끔 출석자가 한 사람도 없는 일이 있었다. 그는 빈 교실에서 강의하였다. 이것은 아무래도 분열병질자다운 융통성이 없는 상태이다. 그리고 적어도 1680년에 앞선 5, 6년 동안 그는 아주 수학의 연구에서 떠났다. 주변에 있던 소수의 목격자는 뉴턴이 이따금 멍하니 방심 상태에 빠져 있었다고 말하고 있다.

그의 일상생활은 학생 기숙사에서의 혼자 살림이었다. 그는 남의 눈에 띌 것을 극도로 두려워한 나머지 고립으로 도리어 눈에 띄게 될 것을 피하고자 이따금 학생들의 카드놀이에 끼었다. 그러나 절대 웃지 않았으므로 역시 눈에 두드러질 수밖에 없었다. 그는 자주 대학을 떠나 어머니의 농장으로 가서 농사를 거들었다.

또 이 시기에 그가 마음을 허락할 수 있었던 몇 안 되는 사람들이 차례차례로 세상을 떠났다. 배로는 1677년에 불과 47살로 죽었다. 뉴턴은 스승 배로의 죽음을 「나의 최대의 불행」이라고 한탄하였다. 이듬해에는 올든버그가 세상을 떴다. 또 1676년 이래 앓던 콜린즈(Collins)도 죽었다. 뉴턴편이 되어 줄 왕립 학회 서기들은 이제 모두 없어졌다. 뉴턴의 학문상의 〈고립〉은 거의 완전한 것이 되고 말았다.

《프린키피아》의 완성

스위프트*의 《걸리버 여행기(Gulliver's Travels)》(1726) 속에 뉴턴 비슷한 인물이 시종 깊은 명상에 잠겨 있고 옆에 〈때리는 역〉을 하는 사람이 〈방망이〉로 이따금 외계에의 관심을 환기하지 않으면 말도 못 하고 다른 사람의 얘기에 귀도 기울이지 못한다는 풍자 묘사가 있다. 스위프트는 뉴턴의 조카딸 캐서린과 친밀한 관계에 있던 적도 있고 또 뉴턴이 조폐국 소장 당시 왕이 아일랜드 동전의 주조술을 어느 개인에게 주어서 거액의 이득을 얻게 하려 한 데 반대해서 유명한 〈드레이퍼의 편지〉를 써서 이것을 공격한 일도 있었다. 이때 뉴턴은 이 동전은 악화가 아니라는 증명서를 발행하여 왕을 변호하여 스위프트의 비웃음을 샀다. 《걸리버 여행기》속의 스위프트의 풍자는 악의가 있었다고 치더라도 뉴턴을 아는 사람의 말로서 정확하게 뉴턴의 이미지를 파악하고 있다.

1673년 이후 뉴턴은 외계와의 발랄한 접촉을 잃었다. 속 깊이 키워졌던 사상의 싹이 차츰 밖을 향해서 구체적인 과학의 형태를 취한다는 정신의 동태성(動態性, Dynamism)도 상실되었다. 물리학, 연금술, 신비 사상 등이 각각 다른 층에 속한 것같이 조성되었다. 이로 말미암아 지극히 정태적(情態的), 폐쇄적인 정신 구조가 완성되었다.

오늘날 우리는 〈포츠머스 문서〉로 불리는 방대한 뉴턴의 미출간 문서의 존재를 알고 있다. 그것은 연금술과 이단적 신학에 바쳐진 사색, 실험, 문헌 고증의 기록인데 1666년 페스트의 해로부터 1700년까지 쓰인 이 기록을 뉴턴은 처음부터 출간할

---

* Jonathan Swift, 1667~1745

의사는 없었다. 세계의 심오한 신비에 관련된 환상을 외적 세계로부터 숨겨가면서 키워간다는 것은 울즈소프의 고독한 소년 시대에 기원이 시작하여 일생을 통해 뉴턴의 내면에 일관되는 기저음이었다. 이것에 비교하면 물리학은 훨씬 단속적인 활동이었고 현실과의 접촉, 특히 다른 사람과의 양의적(兩義的)인 접촉이 매개가 되어 비로소 창조성이 눈을 떴다. 뉴턴에게는 다른 사람은 흔히 현실과의 중개를 해주는 것인 동시에 현실의 대표자로서 그를 위협하는 양의적인 〈때리는 역〉이기도 했다.

　뉴턴을 현실로 되돌리는 최대의 〈때리는 역〉은 그가 그처럼 두려워한 훅이었는지도 모른다. 뉴턴이 1672년 「빛과 빛깔의 새 이론」을 재론하고 그 속에서 에테르 설을 전개한 것이 훅이 보낸 화해 편지가 계기가 되었다. 창조적 휴가 이렇게 비로소 역학의 문제로 되돌아가 《프린키피아》를 완성하는 단서가 된 것은 1679년 훅이 천체 연동에 대한 견해를 뉴턴에게 의뢰한 편지였다. 뉴턴은 「몇 해 동안 철학에서 멀어져 있었기 때문에……」라고 별로 마음이 내키지 않는다는 대답을 보냈으나 이것이 계기가 되어 물리학에의 회귀가 달성되었다. 뉴턴은 훅의 요청을 저항할 수도 없고 그렇다고 그 요청으로 쓴 것에 대한 훅의 비판에 견뎌낼 수도 없었다. 생애를 억척스러운 실험자로서 험한 현실과의 격투로 지낸 훅에게 뉴턴의 심성은 이해하기 어려운 것이었음이 틀림없었을 것이다. 그러나 뉴턴의 눈에는 훅은 〈병 주고 약 주는 자〉로 비쳤을 것이다. 병 주고 약 주는, 이것은 더블 바인드(Double-Bind) 행위라고 불리며 양의성에 대한 인내성이 낮은 분열 병자에게 가장 병인적인 접근 태도로 되어 있다. 아들에게 더블 바인드의 태도를 보이는 어머니는 「분열병을 만드는 어머니」라는 이름이 붙을 정도이다. 더블 바인드의 태도는 분열 병자를 주전(呪縛) 하는 힘이 있다. 그러므로 뉴턴은 훅의 권유에 응하고 물리학의 세계로 되돌아오면서, 반면 훅의 반박을 병적이리만큼 두려워하였다. 《프린키피아》 출판 때에 다시 재연된 훅과의 논쟁에서 뉴턴은

> 「모든 것을 요구하고 모든 것을 획득하는 것밖에 모르는 자가 모든 발견의 선취권을 가로채고, 모든 것을 발견하고 기초 작업을 한 수학자는 지루한 계산자, 쓸모없는 노동자로 만족해야만 합니다」

라고 쓰고 있다.

그러나 《프린키피아》의 완성에는 양의적인 훅 외에 순수한 지지자가 필요하였다. 그리하여 천문학자 핼리*가 등장한다. 핼리는 핼리 혜성에 이름을 남길 만큼의 제1급의 관측자이며 20살 때 벌써 남대서양상의 고도 세인트헬레나(St. Helena)에 가서 남천(南天)의 혜성을 관측하고 전천(全天)의 항성 목록을 완성하였고, 장년에는 세계를 순항하여 최초의 지자기 방위각지도(地磁氣方位角地圖)를 만든 사람이다. 이것들은 해양제국을 이루고 있던 영국 항해자들의 현실적 요청에 촉구된 것이었다. 핼리는 현실에 눈을 넓게 뜨고 세계의 정확한 기술을 지향하는 형의 학자였던 것으로 생각된다.

1684년 핼리는 뉴턴에게 다음과 같은 질문을 하였다. 「만약 거리의 제곱에 반비례한 힘을 받고 움직이는 물체가 있다면 그것은 어떤 궤적을 그리게 될까요?」

뉴턴은 즉시 대답하였다. 「그것은 타원입니다」「왜 그럴까요?」「그야 계산을 했으니까요」 그러나 그 종이는 찾을 수 없었다.

---

* Edumund Halley, 1656~1742

이 문답이 있은 지 불과 1년 후에 《프린키피아》가 완성되었다. 20년을 사이에 두고 〈창조적 휴가〉와 이어지는 젊은 날의 사색이 갑자기 일깨워진 것이다. 핼리는 시종 뉴턴을 격려하여 《프린키피아》의 완성을 촉구하였다. 그는 《프린키피아》를 사재(私財)로 간행하기로 하고 인쇄 교정 등 귀찮은 일들을 도맡았다. 그는 내면적으로는 뉴턴을 지원하고 밖으로는 뉴턴의 대행을 맡았다. 훅이 뉴턴의 천재를 인정하면서도 뉴턴과 경쟁할 야심을 숨기고 있었는데 비해 핼리는 뉴턴의 이론이 관측과 잘 맞는 것을 알고 순수하게 뉴턴의 이론에 기대를 걸었다. 《프린키피아》의 이론은 당장 핼리에 의해서 궤도 계산에 응용되어 주기혜성(週期彗星)의 존재(핼리 혜성)가 확인되었다.

　뉴턴은 《프린키피아》를 유클리드 기하학을 본받아 소수의 원리를 바탕으로 하는 엄밀한 증명으로 구성하려 하였다. 이것이 우리가 처음에 그의 물리학을 원리의 물리학이라고 부른 이유이다. 그러나 젊은 날의 광학 논문은 《프린키피아》와는 약간 취향이 달라서 모순을 두려워하지 않고 의문을 의문인 채로 제시하는 젊은 태도가 엿보인다.

　「가설을 만들지 않는다」는 유명한 말만 해도 미묘한 변화를 보여주고 있다. 이런 태도는 스승 배로가 주장하던 바인데 젊은 날의 광학 논문의 문맥에는 사실을 따르고 실험에 따른다는 뜻이 있었다. 사실 《광학》 속에서는 에테르설이 가설로 도입되어 그것을 둘러싼 갖가지 근대 물리학상의 문제가 붕아적(崩芽的)인 형태로 제출되어 있다. 그러나 《프린키피아》에는 원리의 〈원인〉에 대해서 이것저것 캐지 않는다는 공리주의에 가까운 뜻으로 전환하고 있는 것 같다. 《프린키피아》에는 젊은 날의 광학 논문에서 볼 수 있는 개방적인 자세와는 달리 자기 완결적으로 닫힌 방위적 자세가 느껴진다. 《광학》이 영어로 쓰인 데 반해서 《프린키피아》를 라틴어로 쓴 것도 이것으로 대응된다. 또 《프린키피아》에 있어서는 당연히 미적분법을 써야 할 천체 역학증명을 아르키메데스의 기하학적 방법에 의존하려 하고 있다. 모처럼 스스로 발견한 미적분학을 써서 문제를 풀었으면서도 그것을 숨기고 낡은 방법으로 고쳐 써서 발표했다고 추정된다. 그 까닭은 미적분의 발견을 둘러싼 라이프니츠와의 논쟁에 말려 들어가기를 피했기 때문이라고 한다. 이 때문에 《프린키피아》를 오히려 난해하게 하고 《프린키피아》의 보급을 지연시켜 고국 영국에서조차 이후에도 오래도록 데카르트의 낡은 이론이 강의 된 결과를 초래했다. 뉴턴 역학이 오늘날에 볼 수 있는 형태로 고쳐 쓰인 것은 1세기 후의 일로서 프랑스의 천문학자·수학자인 라플라스*에 의해서였다.

두 번째 위기

《프린키피아》 간행 때의 훅과의 논쟁에 더하여 그 후 몇 해 동안 뉴턴은 공적, 사적 생활에서 여러 가지 예기하지 않은 현실적 사건에 말려들어 다시 현실과의 거리를 위협받게 되었다. 《프린키피아》가 간행된 해 국왕 제임스 2세**가 총애하던 성직자에게 학위를 수여하려고 강요했던 프랜시스(Francis) 사건이 일어났다. 여기에 저항한 케임브리지 대학 안에서 뉴턴은 가장

---

* Pierre Simon Laplace, 1749~1827
** James II. 1633~1701, 재위 1688~1688

완고한 저항자였다. 이듬해 1688년 명예혁명(Glorious Revolution)이 일어나 제임스 2세가 실각하였다. 뉴턴은 대학이 선출하는 국회의원으로 뽑혔으며 휘그(Whig)당에 속하였고 1690년 2월까지 재임하였다. 의회 석상에서는 끝내 한마디도 하지 않았다고 하는데 편지로 새 정부와 대학의 중개자로서 의욕적으로 힘쓴 것 같다. 1689년에 어머니가 사망하였는데 위독할 때에는 헌신적으로 간호했다고 한다. 이 일련의 사건이 뉴턴의 내면을 격렬하게 동요시켰다는 것은 그의 〈내면의 축제〉의 일단을 《성서의 두 가지 중대한 오류에 대해서》, 《다니엘서 및 요한 묵시록에 대한 고찰》(1690~1691)이라는 모습으로 세상에 내놓은 것으로도 쉽게 상상된다. 이 무렵 그는 1673년과 마찬가지로 침착성을 잃고 과학에의 무관심이 다시 나타나 행정적인 지위를 원하고 있다. 그러나 이 구직 운동은 친구인 철학자 로크, 정치가 몬태규의 노력에도 불구하고 성공하지 못하였다.

이 노력이 실패하자 뉴턴은 친구가 모두 자기를 버리고 배반한 때문이라고 생각하여 1692년 초 「몬태규 씨가 나를 속이고 있는 것을 알았으므로 그와 절교했다」는 등 기록하고 있다. 이러한 정신 착란 상태는 이듬해까지 계속되었다.

「벌써 열두 달 동안 만족하게 먹지도 못하고 있습니다. 또 당신이나 다른 어떤 친구와도 만나지 않겠습니다」

[1693년 9월 페피스(Samuel Pepys, 1633~1703)에의 서간]

「당신이 여성을 시켜서 또 그 밖의 수단으로 나를 골탕 먹이려고 하는 것을 생각하면 나는 화가 나고 당신이야말로 죽어버렸으면 좋겠다고 생각했을 정도입니다」

(1693년 9월 로크에의 편지)

이런 자료들로부터 판단하면 뉴턴이 망상형 정신병에 걸렸다는 것을 의심할 수 없는 사실이다. 로크에게 보낸 편지에는 「당신이 내 병은 이제 낫지 못할 것이라고 말씀하셨다지요」라고 씌어 있다. 이것은 환청*에서 오는 것인지도 모른다.

그전부터 뉴턴의 정신 착란의 원인은 화재 때문에 그의 연구 성과가 없어 져버린 것을 들고 있다. 그러나 이것은 질병의 원인이라기보다 질병의 결과가 아니었을까? 보통 분열병의 급성기에는 착란 상태 때문에 기억이 없는 화재(실은 정신 착란에 의한 부주의 때문이지만)가 일어나기도 한다. 그것이 또 그의 공황**(Panic)을 강하게 한다. 불이 나자 그가 정신을 잃고 쓰러져 있는 것이 발견되었고 그 후 한 달 동안 제정신을 찾지 못했던 것이 같은 시대에 케임브리지 대학에 있던 사람의 일기나 편지에 기록되어 있다. 화재 직전부터의 긴장병성 지속 상태가 계속되었다고 생각하는 것이 가장 타당하다.

뉴턴은 왜 이런 시점에서 진지하게 다른 직업을 구하려고 했을까? 애초 아버지 쪽의 친척들이 뉴턴에게 고등교육을 받게 하려 한 것은 학자로 만들기 위해서보다는 오히려 계급 상승을 꾀하였기 때문이었다. 그러나 그들의 지향은 1660년의 왕정복고에 의해서 무너졌다고 생각된다. 뉴턴은 거의 정확하게 찰스

---

* 역자 주: 환시(幻視), 환취(幻嗅), 환촉(幻觸), 환미(幻味) 등과 함께 환각(幻覺)에 속하는 것으로, 환각은 외계의 자극이 전혀 없이 일어나는 지각이며, 상당히 생생한 인상을 준다. 이와 비슷하나 구별되는 것은 착각인데 외계의 자극이 있고 이것을 오해하는 경우에 생기며 정상인에게서도 흔히 보이는 현상이다.

** 역자 주: 극심한 불안 상태를 말하며 이때의 공포는 말로 설명하기 어려울 정도로 크다. 장기간의 긴장이 원인인데 갑작스럽게 극심한 불안정, 의심, 투사(投射)와 자아(自我)의 붕괴가 특징적이다.

2세*서부터 제임스 2세에 이르는 반동 시대 동안만 학자였다고 해도 된다. 페스트가 유행하고, 런던에 큰불이 나고, 네덜란드 함대가 런던을 포격하고, 가톨릭의 국교 복활이 거론되고, 성서 사냥의 소문이 떠돈 시대였다. 분열 병권에 드는 사람은 이러한 시대에는 안전을 구하고, 예를 들면 상아탑에 틀어박힌다. 그러나 젊은 날의 지향은 풍화하지 않은 채 남아 있는 일이 많다. 외부 압력이 늦춰지면 그들은 흔히 낡은 지향을 재연시키지만, 해방된 시기에는 도리어 현실과의 거리 측정을 잘못하여 위기에 빠지는 일도 있을 수 있다.

만년

케인즈에 의하면 약 2년 동안 계속되었던 병에서 회복한 뉴턴은 전과 같은 일관된 정신력을 잃고 사람들 앞에서는 거의 입을 열지 않고 얼굴이나 동작에는 얼마쯤 피로한 빛이 있었다고 한다. 병은 그의 생애의 전기가 되었다. 이 시기를 경계로 하여 뉴턴은 17세기의 마술사로부터 18세기 이성시대의 군주라는 전설적 인물로 탈바꿈을 하였다. 1696년 그는 평생에 걸쳐서 해 왔던 화학 실험을 그만두고 연금술, 신학에 관한 방대한 기록을 궤짝에 간수하고 케임브리지를 떠나 런던으로 옮겼다. 당시 재무장관이었던 몬태규의 알선으로 조폐국 국장이 되어 공적 활동이라는 형식적인 관료 세계에 몸을 담았다. 1699년 조폐국 소장, 1703년 왕립 학회 회장이 되고 최고의 지위와 명예에 싸여 생애를 마치게 된다.

---

* Charles Ⅱ, 1630~85, 재위. 1660~1685

　만년의 그는 성공하여 명성을 떨친 원로로서 학계에 군림하였다. 과학상의 논쟁도 이미 그의 생존의 근저를 흔들 수 없었다. 그를 비판하거나 그와 우선권을 다투는 사람에게는 그를 둘러싼 사람들이 그를 대신하여 표절자라는 까닭없는 비난을 퍼부었다. 뉴턴 자신도 저서의 개판 때마다 인용했던 다른 학자들의 이름을 삭제해 갔다. 모든 것은 그의 발견으로 돌렸다. 그는 과대 망상적인 취향이 있는 자족한 자폐적인 세계에 영원한 안주처를 찾아낸 것이다.

　그의 생애의 전기에 즈음하여 간과할 수 없는 것은 몬태규와의 관계이다. 몬태규와의 만남은 몬태규가 케임브리지의 학생이었던 1679년으로 거슬러 올라가며 일생 그는 뉴턴의 〈친구〉였다. 고독한 노물리학자와 연소한 귀족 정치가의 교우는 기묘한 한 쌍으로 보이지만 만년의 뉴턴에게 몬태규는 젊은 날의 배로처럼 긍정적인 의미에서 〈현실의 매개자〉였다고 상상된다. 뉴턴이 국회의원이 되었을 때 몬태규도 같은 휘그당에 속하는 국회의원이었다. 뉴턴의 의원으로서의 활발한 정치 활동도 배경으로 있었던 몬태규와의 특수한 인간관계에 촉구되었기 때문인지도 모른다. 이 결과 명예혁명이라는 사회적 변동 속에서 적극적인 현실에의 참여라는 심리적 모험도 일어났고 동시에 그것이 그를 위기 상황으로 몰아넣게 했었는지도 모른다.

　이렇게 보면 뉴턴의 생애에서 두 번의 심적 위기에는 어떤 종류의 공통성이 있는 것 같다. 즉 깊은 대인 관계로 현실에의 통로가 트여 현실 세계에서의 창조적 활동이 야기되었는데 이 현실 세계와의 접촉이 그에게 심적 위기를 가져다주었고 다음의 병적인 시기를 거쳐 다시 자폐적 세계로 빠져들어 가 안정한다는 심리적 기제이다. 따라서 극히 대담하게 뉴턴의 생애를 도식화하면 젊은 날의 배로와의 만남이 페스트의 유행이라는 위기를 배경으로 그의 풍부한 지적 창조성이 해방되었다. 그것이 그를 세상으로 내보냈고 동시에 비판을 불러일으켜 나아가서는 1673년께부터의 최초의 병적 상태를 초래하는 결과를 낳았고 그를 은자풍(隱者風)의 자폐적인 마술자의 세계로 침체시켜 갔다. 이 세계로부터 그를 다시 현실 세계로 되돌려 오게 하는 〈때리는 역〉을 한 혹이나 온건한 지지가 핼리에 의해서 그는 《프린키피아》를 써서 방위적인 닫힌 물리학의 세계를 완성하였다. 끝으로 몬태규와의 만남이 여러 가지 외적 사정이 있었다 하더라도 명예혁명이라는 시대의 격변 속에서 그의 의욕적인 정치 활동을 유발함으로써 1692~1693년에 걸친 망상형 정신병을 일으켜 만년의 현자풍(賢者風)의 자폐적인 군주 세계에 안주하기에 이르는 길을 텄다고 할 수 있을 것이다.

참고 문헌

I. Newton, Newton's Philosophy of Nature, Selections from his Writings, ed. H. S. Thayerand, J. H. Randall Jr., Hafner Library of Classics, 19., New York: Hafner Publishing Co., 1953.

I. Newton, Mathematical Principles of Natural Philosophy, Bekeley: U. of California P., 1966.

E. N. da C. Andrade, Sir Isaac Newton, New York : Doubleday, 1954.

高允錫譯, 《아이작 뉴턴》, 현대과학신서, 서울: 電波科學社, 1973.

C. N. ヴァヴィロフ, 《アイザッワニュートン》, 三田博雄譯, 東京圖書, 1958.

A. de Morgan, Newton: His Friend and His Niece, New York: Fernhill, 1968.

J. M. Keynes, Essays in Biography, New York: Norton, 1963.

S. F. Mason, A History of the Sciences, New York: Colliers, 1970.

A. C. Crombie, From Augustine to Galileo, 2 vols., Harmondsworth: Penguin, 1959.

S. Bochner, The Role of Mathematics in the Rise of Sience, Princeton: Princeton U. P., 1966.

N. ブルバキ, 《數學史》, 村田全, 青水達雄譯, 東京圖書, 1970.

L. Coser, Knowledge and Society, New York, 1965.

E. Kretschmer, Physique and Character: An Investigation of the Nature of Constitution and the Theory of Temperament, New York: Cooper Square, 1936.

安永浩, 「境界例の背景」, 《精神醫學》, 第12券 第6號, 醫學書院, 1970.

사진 출처

1. Sir Isaac Newton. Mezzotint by J. MacArdell after E. Seeman, by wellcomeimages.org

뉴턴의 생애

나이	0	10	20	30
년도	1643	1653	1663	1673

하는 일: 마을 초등학생 / 그랜섬 킹즈학교 / 그랜섬 / 조교 / 펠로 / 케임브리지 대학

거주지: 울즈소프 / 울즈소프→ / 케임브리지 / ←울즈소프 / 케임브리지

왕: 찰스 1세 / O.크롬웰 / ←R.크롬웰 / 찰스 2세

질병

흥미와 창조성: 기계 조작 ------- / 연금술 / 신학 / 수학 / 광학

사건:
- 모친 재혼
- 클락 약국에 숙식
- 청교도 혁명
- 코페르니크를 알게 되다
- 광학에 흥미
- 무한급수 계산법 발견
- 창조적 휴가
- 왕정복고
- 반사 망원경을 왕에게 바치다
- 제2차 네덜란드 전쟁
- 흑사병 유행
- 반동정치
- 〈빛과 빛깔의 이론〉(에테르·입자설)
- 혹으로부터 비판을 받다
- 〈빛과 빛깔의 이론〉(에테르·입자설)
- 혹으로부터 천체 운동연구를 의뢰받다

대인관계: 모친 / 스토리양 / 모친 / 배로 / 올든버그 / 콜린즈 / 혹

40	50	60	70	80	84
1683	1693	1703	1713	1723	1727

케임브리지 대학 교수

국회의원 | 국장 | 조폐국 소장

왕립학회 회원 | 왕립학회 회장

케임브리지 | 런던 | 런던

제임스 2세 | 메리 2세 | 윌리엄 3세 | 앤 여왕 | 조지 1세

물리적 원리

역학

● 《프린키피아》 골자 완성
● 《프린키피아》 출판
● 신학적 저작프랜시스 사건
● 몽태규 재무장관이 되다
● 실험을 중지하다
● 《광학》 출판
● 라이프니츠와의 논쟁
● 스위프트 《드레이퍼어의 편지》
● 스위프트 《걸리버 여행기》

● 명예 혁명

─ ─ ─ ─ 모친

─────────────────── 몬태규

──────────── ─ ─ ─ ─ 핼리

─────────────── 훅

2. 찰스 다윈

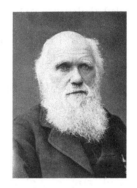

Charles Darwin
1809~1882

다윈의 학문적 세계

다윈의 《종(種)의 기원(起源)(Origin of Species)》은 뉴턴의 《프린키피아》와 더불어 인간의 세계관에 큰 충격을 주고 변혁을 가져오게 한 과학사상 최대의 업적의 하나이다. 그러나 뉴턴이 초월적인 천재였는데 반해 다윈은 노력 형의 인물이었다. 그의 학설의 서술과 구성이 너무 상식적이며 통속적이었기 때문에 위대성이 표면에 나타나지 않아 그의 학설이 독자성을 찾아내는 데는 뛰어난 해설자가 필요하였다.

생물의 진화는 아리스토텔레스 이래의 문제였고 특별히 새로운 것은 아니었다. 근대 생물학의 테두리 안에서도 오히려 라마르크*에 힘입은 바 크다. 다윈의 독자성은 진화의 요인을 추구하여 종의 변이성(變異性)에 관한 방대한 사실을 수집하여 이 사실을 토대로 종합적인 진화론을 확립한 데 있다.

---

* Jean Baptiste Lamarck, 1744~1829

다윈은 고등한 연역적(演繹的) 추리를 생물학에 적용하는 것에
비판적이었다. 그는 프랜시스 베이컨*의 경험론을 모범 삼아
사실에 입각한 귀납적 추리를 과학적 방법의 기본 원칙으로 하
고 있다. 그는 객관적 사실을 철저하게 수집하여 이 사실을 신
중히 검토하고 그 사실들을 설명하는 일반 법칙에 대한 가설을
세웠다. 만약 그 가설이 사실과 다르다는 것을 알면 몇 번이라
도 수정을 가하기를 주저하지 않았다. 사실 《종의 기원》에는
초판부터 마지막 6판에 이르기까지 대폭적인 수정의 흔적이 보
이며 진화 이론의 세부는 반드시 같지 않다.

그의 학설은 독창적인 비약이 부족하다고 한다. 그는 사변적
인 가설을 세우는 일이 없다. 예를 들면 그가 독자적으로 만들
어낸 사변적(思辨的) 유전설인 팬제너시스설(Pangenesis)은 대단
히 불투명한 것이어서 그의 명성을 가지고도 계승자나 신봉자
가 한 사람도 나오지 않았다. 그의 진화론은 생물학에 적용된
경제학 같다는 말이 있는 것처럼 발상 대부분에는 모델이 있
다. 그는 맬서스**의 《인구론(人口論, Essay on Population)》(1798),
라이엘***의 《지질학원리(地質學原理, Principles of Geology, 3
vols.)》(1830~1833) 등 기존의 학설들을 섭취, 수정해 가면서
자기의 학문 영역에 적용하고 이 학설들을 합쳐서 종합적인 이
론을 구성한 것이다.

이러한 사실에서부터 출발하는 귀납성, 자기의 한계를 의식
한 양심성, 이론 구성의 융통성, 종합성이 그의 학문 세계의 기
본적 특징이다. 이것들은 크레치머가 든 조울병권의 학자가 사

---

* Francis Bacon, 1561~1626
** Thomas Robert Malthus, 1776~1834
*** Charles Lyell, 1797~1875

실을 충실하게 기술하고 검증하는 실증적 경험주의자, 쉽게 서술하는 통속 학자, 포용력, 종합력이 풍부한 학자 등의 유형에 해당한다. 다윈은 조울병권에 속하는 대표적 학자라 하겠다.

이러한 학문적 특징은 그의 인간적 자질과 무관할 수는 없다. 「자연은 비약하지 않는다」는 말은 다윈의 수용구이며 연속적 자연관은 평생 변하지 않는 그의 기본 사상이었다. 그는 생물의 연속적 변이를 중시하고 자연도태에 의한 집적이 진화의 근본 원인이라고 생각하였다. 진화의 방향성 등 진화에서의 종의 주체성을 인정하지 않고 환경적 요인을 첫째라고 하였다. 생명의 기원과 같은 큰 문제는 고찰의 대상 밖에 두었다. 그의 대상은 어디까지나 종의 기원이었다. 그의 인격의 본질적 특징의 하나가 내외의 질서에 얽매여 생의 비약을 스스로 허용하지 않는 경계 내 정체성(停滯性)에 있는 것을 생각하면 그의 사상이 얼마나 깊이 그의 기질에 의해서 규정되어 있었던가를 알 수 있다.

인격과 생활 방법

다윈은 《자서전(Autobiography, 1809~1882)》(1958) 속에서 자기가 과학자로서 성공한 중요한 조건으로서 「과학에 대한 열의, 무한의 인내력, 사실의 관찰과 수집에 대한 근면」을 들고 있다.

관찰로 사실을 모으고 그것을 충실하게 기술하여 경험적 세계와 떨어지지 않은 가설을 세워 관찰과 실험에 의한 가설의 수정에 대해 언제나 개방적인 태도를 견지하는 것, 이것들은 앞 세기의 린네*에 의한 분류학(分類學)의 창시에 이어 신종 발견시대가 겨우 성숙기를 맞이하려 하는 19세기 중엽의 생물학에 있어 가장 결실이 많을 어프로치였다. 20세기 중엽에 분자생물학(分子生物學)이 나올 때까지 생물학에서의 〈뉴턴적〉인 원리적 어프로치는 단순한 사변 또는 형이상학에 흐르기 쉬웠다. 이것들은 선구자, 예언자의 영역을 벗어나지 못했다. 여기에 우리는 과학의 발전 단계와 기질과의 하나의 만남을 볼 수 있다.

이 성격은 그의 일상생활 전체에 미쳤다. 기상에서 취침에 이르기까지 시계 장치와도 같은 규칙적인 질서가 있었고 아플 때는 제외하고는 죽기까지 이 습관을 완고하게 지켰다. 반드시 한 번은 실험해 보지 않고는 못 배기는 강박적이라고도 할 수 있는 실험 벽이 있었다. 오히려 그는 실험자로서는 유능하지 못했다. 일에 대한 태도는 면밀하며 질서정연했었고 세부에 구애되고 하나의 예외라도 넘기려 하지 않는 완전주의적 경향을 보였다. 그러면서도 그는 끊임없이 자기 부전감(自己不全感)에 고민하였다. 자기연구에 대한 극단적인 자기 비하는 병적이기조차 하였다.

이러한 열중성, 철저성, 강한 인내성, 꼼꼼한 집착 성격(下田光造)의 측면이나 자기의 공고한 질서에 구애되는 경계 내 정체성, 높은 자기 요구 때문에 자기 부전감에 고민하는 잔류성 등의 멜랑콜리(Melancholy)형〔텔렌바흐(Hubert Tellenbach)〕이라고 불리는 측면은 울병의 병전 성격으로 알려져 있다. 이것들은 그의 청년기부터 노년기에 이르기까지 일관해서 볼 수 있는 성격의 특징이다. 그의 문장이 삽입구나 주가 너무 많고 완곡하며 명석, 간결성이 빠져 있는 것 등도 이러한 측면들과 무관하

---

* Carl von Linné, 1707~1778

2. 찰스 다윈 53

지는 않다. 회화에서도 주석이 너무 많고 듣는 사람은 처음부터 듣지 않으면 내용을 잘 이해하지 못했다고 한다.

청년 시대의 다윈은 명랑하고 활발하며 교우 범위도 넓었다. 30살쯤부터 자주 우울증에 휩쓸리게 되었고 그럴 때에는 신체적으로도 여러 가지 증상을 보였지만 연구에 열중하거나 손님이 왔을 때는 소년처럼 명랑과 생기가 되살아나는 것이 예사였다고 한다. 또 그에게는 세계를 직접 감각적으로 지각, 감수, 인식하여 자연물에 감정 이입하고 자연물을 인격화하는 경향이 있었다. 이렇게 명랑하며 동조적(同調的), 감각인적(感覺人的)인 순환 기질(크레치머)의 특징도 생애를 통하여 그의 인격의 기저음으로서 계속 존재하였다.

33살 때 그는 시끄러운 런던을 피해 교외에 있는 고요한 다운(Down)으로 이사하여 평생 이 땅을 떠나지 않고 은거 생활을 하였다. 가정에서는 헌신적인 부인의 비호 아래 대가족의 가장이었다. 학계 활동에도 전혀 참가하지 않고 논쟁을 피하여 라이엘, 후커*, 헉슬리**등 국한된 친구들과만 교제하고 그들의 친밀한 우정에 뒷받침받아 연구와 저술을 계속하였다. 질색인 실험이나 논쟁 등은 이 친구들이 대신하였다. 한편 그는 오랫동안 다운의 상조 클럽의 간부를 맡고 치안 판사가 되어 다운의 지역 사회와 밀접한 관계를 맺었다.

이렇게 그는 자기가 사는 세계를 좁힘으로써 자기를 안정시키고 자기를 공간에 장착시키려고 시도하였다. 그는 공간에 의존하면서 살려고 하였다. 그리고 그 공간 안에서 과학을 매개

---

* Sir. Joseph Dalton Hooker, 1814~1879
** Thomas Henry Huxley, 1825~1895

로 조부나 선배의 역사적 전통과 결부하려 하였다. 이러한 자세들은 울병권자의 특유한 시간적, 공간적 존재 양식이다.

출생과 성장

다윈의 가계는 뛰어난 과학자를 배출한 우수한 가계이다. 조부 에래스머스*는 별난 인물로서 금주가이며 독설가였다. 그는 의사였으나 시도 썼고 식물학에도 조예가 깊었으며 진화론의 선구적 연구인 《조노미아(Zoonomia)》(1794~1796)를 썼다. 그는 다윈과 마찬가지로 말더듬증이었다. 아버지 로버트**는 풍채가 좋은 비만형의 큰 사나이였다. 그는 명망 있는 의사였고 사물을 적절하게 처리할 줄 아는 실천가였으므로 사는 지방의 신뢰를 모았다. 어머니는 유명한 도기 제조업자의 딸이었다. 그녀의 아버지 조셔 웨지우드***는 영국 최대의 도공(陶工)이라 불렸으며 근대 제도 기술의 태반은 그의 발명에 의존하고 있다. 어머니도 학문이나 예술에 관심이 깊고 진취적 기질이 풍부하며 부드럽고 마음이 착한 사람이었다고 한다. 아버지 로버트는 어릴 적부터 웨지우드 집안에 드나들며 그 집 아이들과 화학 실험 등을 같이 했다. 즉 다윈의 부모는 소꿉동무였다.

찰스 다윈은 1809년 부모의 다섯째 아들로 영국의 슈루즈베리(Shrewsbury)에서 태어났다. 형이 병약하였으므로 다윈은 사실상 장남으로서 가족의 기대를 한 몸에 모으고 자랐다. 어머니는 막내딸의 출산 후 병에 걸려 다윈이 8살 때 사망하였다. 그 후 그

---

* Erasmus Darwin, 1731~1802
** Robert Darwin, 1766~1848
*** Josiah Wedgwood, 1730~1795

는 어머니 대신 누이들의 손에서 자랐다. 따라서 어머니의 기억은 적었다. 어머니와의 대상 관계가 희박했기 때문인지 또는 어머니의 죽음에 의해서 야기된 현실의 기억이 공포에 따라 억압되어 환상적으로 된 것이라고 상상된다. 이것에 반하여 아버지와의 관계는 강렬한 것으로 아버지에게 끌리면서도 반발하는 존경과 피압박 감의 양의성이 특징이다. 《자서전》 속에서도 「아버지는 내가 아는 한 가장 현명한 사람이었던 반면 어릴 적의 나에게는 약간 부조리한 태도를 보였다」라고 썼다.

이 시기에 벌써 후년의 박물학자의 모습이 나타나 있는 것은 흥미 깊은 일이다. 그중 하나는 식물, 조개류, 광물, 화폐 등을 닥치는 대로 수집하는 강박적이라고도 할 수 있는 뚜렷한 수집벽이다. 사물에 둘러싸인 세계는 어릴 적에 부모와 충분한 대상 관계를 가질 수 없었던 그에게 정신적인 안식감을 찾을 수 있던 유일한 장소였던 것이 아닐까? 다른 하나는 동물에 대한 애호심, 자비심 특히 개에 대한 애착이다. 일반적으로 울병자 가운데는 개를 좋아하는 사람이 많다. 개와의 관계는 이를테면 그들의 대인 관계의 상징이다. 그들은 아마도 개가 갖는 공감력, 순종성을 사랑하는 것이리라. 그들은 마음 내키는 대로 개에게 명령을 내리고 개가 의지하여 따르게 하고 개와 정신적 일체감을 느낌으로써 자기의 숨겨진 의존 욕구와 억압된 지배욕을 채우는 것이 아닐까? 이 무렵 강아지를 학대하여 양심의 가책을 느꼈다고 《자서전》에 쓰고 있다. 이 사실은 자기의 공격 충동에 대한 과민성을 보여주는 것이며 이 공격 충동이 억압됨으로써 후년 흔히 말하는 「다윈의 동물에 대한 지나친 자비심이나 학대받은 것에 대한 연민의 정」으로 나타나게 되었다고 풀이할 수 있을 것이다. 아무튼, 수집과 동물의 사육은 그의 일생을 통해 변하지 않는 기본적인 활동이 되었다.

슈루즈베리의 〈통학 학교〉 시절의 다윈은 눈에 띄지 않는 학생으로 누이보다도 학업이 뒤떨어질 정도였다. 〈학교 기피〉의 경향은 버틀러(Butler)의 기숙학교에 입학하고도 달라지지 않아 학업 외의 활동에 열중하여 교장이 〈주의산만자〉라는 딱지를 붙였다. 당시의 그를 가장 강하게 매혹한 것은 총사냥이었다. 이 취미는 비글호에 의한 항해 직전까지 계속되었다. 처음으로 도요새를 쏘았을 때의 흥분한 모습이 《자서전》에 씌어 있는데 이 사실로부터도 그의 숨겨진 공격 충동의 세기를 엿볼 수 있다.

박물학에 대한 관심은 더욱 명확한 형태를 취하기 시작하여 광석 채집, 조류의 관찰, 화학 실험으로 발전하였다. 그 결과 아버지로부터 「이대로 나간다면 나쁜만 아니라, 나아가서는 가족 전체의 수치가 되겠다」고 엄하게 꾸중을 듣게 되었다. 당시의 다윈은 가족적 전설을 업은 아버지의 기대를 무거운 짐으로 느껴 그 부담으로부터의 탈출을 생각하고 있었던 것 같다.

어머니가 죽은 후에도 다윈 집은 어머니의 친정과 친밀한 관계를 계속하였다. 다윈은 휴가 때 자주 외가를 찾아가 명랑하고 자유로운 외숙 가족과 어울렸다. 웨지우드 집안은 일찍이 아버지에게 그러했듯이 다윈에게도 제2의 가정이 되었다. 다윈은 어머니가 없는 슈루즈베리의 집에서 채워지지 않는 부분을 외숙 집에서 대신 보상받은 것 같다. 나중에 그의 아내가 된 에머(Emma)는 이 외숙의 막내딸이다. 또 조부의 저서 《조노미아》를 읽고 감격한 것도 이 무렵의 일이었다.

그는 아버지의 권유를 좇아 의업을 계승하려고 에든버러

(Edinburgh) 대학 의학부에 입학하였다(1825). 아버지는 그를 의사로 만들려고 굳게 작정하였다. 그러나 그는 의학의 강의에 환멸을 느꼈다. 해부학이나 외과 수술에 대해서 병적이라고 할 만큼 심한 혐오와 공포감을 보였다. 이 공포증은 싹싹한 천성에서 유래한다고 설명되고 있으나 이것은 이를테면 위장된 부드러움이라고나 할 수 있는 것으로 강아지를 학대한 에피소드와 마찬가지로 억압된 공격 충동에 대한 공포와 무관하지는 않을 것이다. 의학에 흥미를 잃고 대신 소년 시절부터의 박물학에 향한 강한 관심이 부활하였다. 그는 젊은 대학 강사 그랜트*와 해산 동물의 채집에 나갔고 그를 통해서 라마르크의 진화론을 알았다. 총사냥의 열중은 변함없었다. 이 시기의 그의 심리는 대학 입학 이전의 그것과 똑같았으며 같은 패턴의 반복이었다. 결국, 아버지의 개입으로 에든버러 대학을 중퇴하고 목사가 되기 위해 케임브리지 대학 신학부에 입학하였다(1828). 이 시절에도 그대로 〈제자리걸음〉은 계속되었다. 학교를 싫어하는 것은 다소 약해졌고 어쨌든 대학을 졸업하여 학사 자격을 얻기는 했지만, 신학에 대한 관심은 희박하였다.

후년 그는 대학 3년간을 공연히 낭비했다는 실감에서 벗어나지 못하였다. 그러나 실제 다윈은 학업은 어떻든 밀튼** 등의 문학을 애호하고 훌륭한 친구들과 담소하며 사교나 오락을 함께 즐긴 것 같다. 외숙의 가정에 드나드는 몇몇 여성과 미적지근한 교제도 하고 여러 여성에게 동시에 슬며시 마음을 끌어 보려는 편지도 남아 있다. 다윈의 아들이 아버지의 《자서전》의 주에서

---

* Robert Edmund Grant, 1793~1874
** John Milton, 1608~1674

아버지가 이 시기를 무가치하다고 하는 것을 의아하게 여긴다고 쓰고 있는 것도 무리가 아니다. 일반적으로 《자서전》을 쓸 때의 기분은 마음이 과거로 향하고 있는 울적한 시기이며 과거에의 평가도 집필시의 기분에 좌우되는 것이 아닐까? 실제로 이 시기에 평생 계속되는 우정을 얻고 자기 결정의 계기를 포착했다.

다윈의 〈제자리걸음〉은 낭비는 아니었다. 후년의 박물학자 다윈의 형성에 큰 영향을 미친 식물학자 헨슬로*외는 대학에서 만났다. 그는 헨슬로의 권고로 케임브리지 대학 지질학 교수 세지위크**의 웨일즈(Wales) 지질학 연구 여행에 동행하였다 (1831). 이 여행은 단기간이었으나 다윈에게 연구자로서의 기초적 경험을 주는 기회가 되었다. 때마침 지질학의 발전기, 즉 지층(地層)에 의한 지질학적 시대 구분이 진행된 시기였다. 세지위크는 다윈이 동행한 이 여행으로 시작되는 일련의 여행에서 캄브리아기(紀)의 고생대 지층(古生代地層)을 발견하였다(1835년 발표). 아마 다윈은 이 발견을 목격했음이 틀림없다. 자연 속의 사실을 단서로 가설이 태어나고 그것이 다시 사실로 검증되어 가는 변증법적 과정을 세지위크와 더불어 체험한 것은 그의 일생을 결정하는 큰 계기였으리라고 생각된다.

1831년 그는 지질학을 「호랑이처럼 공부하였다」이 무렵 그는 슈롭셔(Shropshire) 주의 지질도를 만들려고 하였지만, 중간에서 생각보다 어렵다는 것을 깨닫고 포기해 버렸다. 그러나 지질 조사 여행 중에 쓴 편지를 보면 그는 무엇인가 알 수 없지만 이미 큰 구상을 품고 있었던 것 같다. 그는 「나의 가설은

---

* John Stevens Henslow, 1796~1861
** Adam Sedgwick, 1785~1873

강력한 것으로서 설사 단 하루만이라도 그것이 실현되면 세계는 끝장이 날 것입니다」라고 헨슬로에게 쓰고 있다. 사신(私信)이라고는 하지만 대단한 자부이다. 아마도 그는 몰래 사회적(對父親的)으로 자립을 달성하고 있다고 환상하고 있었으며 이 환상을 배경으로 얼마쯤 과대적, 조적(躁的)인 들뜬 기분이 되어 있었던 것이 아닐까?

이런 기분 아래서 그는 훔볼트*의 《남아메리카 여행기》를 읽고 큰 감명을 받았다. 이 책과 다윈의 《비글호 항해기》**와의 뚜렷한 유사성을 보더라도 다윈이 얼마나 훔볼트의 사상에 공명하고 자기의 피와 살의 일부로 만들었는가를 알 수 있다. 그는 훔볼트가 멋있게 기술한 대서양 상의 카나리아(Canary) 제도로 갈 계획을 세우고 헨슬로를 꾀었다. 훔볼트의 책에 감상을 적어서 헨슬로에게 보냈다. 헨슬로도 자기의 감상을 적어 다윈에게 되돌렸다. 이렇게 두 사람 사이에는 일종의 노트 교환이 행해졌다. 그러나 이미 케임브리지의 식물학 교수였던 헨슬로는 14살 아래인 연소한 박물학을 좋아하는 목사 후보생의 열성적인 권유에 상당히 당혹한 것이 아니었을까? 처음에는 동행을 약속해 놓고도 여러 번 실행을 연기하였다. 다윈은 거듭 재촉하였다. 카나리아 제도행에 대비하여 에스파냐어를 공부하고 있는 일들을 써 보내며 압력을 가하기도 하였다. 아마도 다윈은 이 카나리아 제도행을 자기 결정의 계기로 중시하고 실행을 초조하게 기다렸던 것이 아닐까? 그리고 예상되는 아버지의

---

* Alexander von Humboldt, 1769~1859
** Journal of Research in the Natural History and Geology for the Countries Visited during the Voyage of H. M. S. Beagle round the World, 1839년

노여움을 무마하기 위해서도 아버지로부터의 분리에 따른 자기
불확실감과의 직면을 보상하기 위해서라도 헨슬로에게 크게 의
존하고 있었던 것이 틀림없다. 헨슬로에게는 이것이 부담되었
을는지도 모른다. 비글호에 의한 세계 주항에 즈음하여 피츠로
이(Fitzroy) 함장이 사적으로 고용하는 박물학자를 구하고 있다
는 것을 다윈에게 알리고 다윈을 추천한 것은 헨슬로였다. 물
론 종래부터 전해오는 것처럼 다윈의 재능을 인정하여 「예사
신학자는 아니다」라고 보았기 때문이기는 하겠지만 헨슬로에게
는 카나리아 제도 여행의 동행을 그만두는 보상이라는 뜻도 포
함되어 있었다고 추정해도 되지 않을까?

《비글호 항해기》

비글호에 의한 항해(1831~1836)는 그의 생애를 결정지은 중
대한 사건이었다. 헨슬로의 추천은 필연 그를 목사로 만들려는
아버지의 철저한 반대를 받았다. 「간다고 하더라도 아버지가
싫어하시면 내 전 정력이 사라져 버립니다」라고 그는 헨슬로에
게 썼다. 그는 결국 외숙에게 아버지의 설득을 부탁하였고, 그
덕으로 겨우 아버지의 허가를 받는 데 성공하였다. 아버지에게
버림받을까 두려워하며 정면으로 아버지와의 대결을 피하고 외
숙의 권위를 빌어서 일을 처리하는 우회적인 방법에는 울병자
다운 인격 특징이 드러나 있다.

비글호는 출항 직전 폭풍우를 만나 플리머스(Plymouth) 항에
두 주일이나 정박하였다. 그때 그에게 최초의 조울병 징후가
나타났다. 《자서전》에서 「이 시기는 일생 중에서 가장 비참한

시기였다. 날씨는 음침하고 배는 정박 중이었고 오랫동안 가족이나 친구들과 헤어지는가 생각하니 마음은 산란하고 가슴 아픔을 느꼈다」라고 쓰고 있다. 다윈에게 이 항해는 아버지로부터의 배반, 자립을 뜻하지만 이때 헨슬로에의 어리광이 〈기대에 어긋〉나 울병자다운 자립의 환상성(幻想性)이 드러나고 말았다. 인제 와서 되돌릴 수 없는 그는 들뜬 마음과 더불어 불안이나 죄악감을 느꼈을 것이다. 이러한 갈등상태를 극복하려고 조울병 환자는 흔히 갈등을 무시하고 도발적으로 행동한다. 즉 여기서 돛에 바람을 가득 안고 당장 출항했어야 한다. 그것이 저지되었을 때 울적 기분이 생겼다고 해서 이상할 것은 없다.

그러나 일단 비글호가 대서양으로 나가자 그는 규율 적인 해군의 집단생활에 적응하여 젊은 박물학도로서 생애에서 가장 쾌활하며 행동적인 생활을 보냈다. 공동 목적만을 가진 동성만의 집단생활은 일반적으로 울병자의 생활방식으로 가장 적합한 것이다. 만년에 이르기까지 그는 자식들에게 이 항해의 추억을 이야기하는 것을 즐겼다. 아이들도 승무원 한 사람 한 사람의 이름까지 외워 그들을 마치 실제로 자기들이 잘 아는 사람같이 느꼈다고 한다.

5년간에 걸친 긴 항해 중 다윈은 감각인 특유의 싱싱한 관능으로 미지의 자연에 접촉하고 자연을 배우면서 성장하였다. 동시에 훔볼트의 여러 책이나 라이엘의 《지질학원리》도 그의 스승이었다. 그는 훔볼트의 눈을 통해 동경하는 남아메리카를 보았다.

『특히 이날은 종일 「옅은 수증기는 공기의 투명도를 변화시키지 않고 공기의 빛깔을 한층 해화적(諧話的)으로 만들고 또 그 효과를 부드럽게 한다」

는 훔볼트가 자주 쓴 표현에 감명하였다. …… 반 마일에서 4분의 3마일 떨어져 보는 가까운 공간의 대기는 완전히 투명하지만, 더 먼 곳은 더없이 아름다운 놀 속에 갖가지 빛깔이 뒤섞여 엷은 프렌치 그레이(French gray) 로 약간 파르스름했다」*

이것은 감각인 다윈의 눈으로 확인된 감각인 훔볼트의 문장이다.

「나는 이전에는 훔볼트를 찬양하였는데 지금은 숭배한다고 말해도 좋을 것입니다. 내가 열대에 처음 발을 들여놓았을 때 내 마음속에 일어난 감각 에 말을 붙여준 것은 훔볼트 오직 한 사람이었습니다」

(1832년 5월 18일 헨슬로에의 편지)

또 라이엘의 원리에 의하여 남반구의 지질학적 현상을 보았는 데 그의 눈은 차츰 지질로부터 동식물상(動植物相)으로 옮겼고 동시에 그 자신의 안목으로 변해갔다. 그리고 생물의 변이도 지질의 변화와 마찬가지로 자연적 원인에 의해서 극히 서서히 생긴 것이 아닐까 하는 생각에 도달하였다. 이것이 다윈의 진 화론의 맹아였다.

《비글호 항해기》(이하 《항해기》)를 읽어보면 배가 아메리카 대 륙의 해안을 돌아 오스트레일리아, 인도양을 거쳐 항해함에 따 라 차례차례 새로운 지리적, 지질적, 동식물적, 문화적 세계가 펼쳐졌다. 이 상황은 감각인 적인 싱싱한 관찰을 불러일으키 고, 관찰에 자극받아 가설이 태어나고, 그것이 또 새로운 관찰 로 재검토되어 보다 발전된 가설로 진행한다는 다이내믹한 변 증법적 과정을 촉진하는 상황이다. 사실 나중에 언급하듯이 1833~1834년에 비글호가 1년 남짓 남미의 남단 마젤란 해협 (Strait of Magellan) 근처의 측량 때문에 머물렀을 때는 《항해

---

* 《비글호 항해기》, 1832년 4월 4일~7월 5일

기》의 기록 내용도 적고 울적 부전감(鬱的不全感)을 호소한 편지
를 남기고 있다. 통틀어서 그의 감각은 이 시대에 크게 세계로
향해서 해방되었다고 말할 수 있다. 《항해기》의 필치가 활기에
넘쳐 있음에 비해 나중에 쓴 《종의 기원》이 약간 침울하고 단
조로운 것도 우연한 일이 아니다.

비글호의 항해는 다윈에게 있어서 자기 결정의 최후 유예였
고 마지막 시도였다. 그는 이 항해 동안에 그가 자기와 동일시
했던 훔볼트나 라이엘 등의 〈모델〉을 내적으로 섭취하면서 자
기를 형성하고, 박물학자로서의 장래의 방향을 결정할 수 있었
다. 애초 여행의 본질은 기한부의 〈유예〉이었고 특히 세계 주
항은 출발인 동시에 회귀라는 이중성이 특징이다. 사실 배가
주항을 마치고 다시 브라질의 바이오(Bayeux)에 입항했을 때
그는 열대의 자연이 「전과 마찬가지로」 보이는 것을 반가워하
였다. 다윈은 아버지의 세계로부터 일단 출발해서 《조노미아》
로 상징되는 조부의 세계로 회귀함으로써 아버지를 넘어 서서
할아버지의 세계를 직접 계승할 경우의 「아버지에게는 이길 수
없다」는 부전감을 벗어나 자기를 확립했다고 말할 수 있다.

다윈은 비글호에서 라이엘의 《지질학원리》를 펼치면서 그 속
에 「종의 기원의 문제는 〈신비 중의 신비〉에 속하는 것이다.」
라고 씌어 있는 것을 알았다. 그리고 다윈은 실로 갈라파고스
(Galápagos) 군도에 닿았을 때의 감상을 《항해기》에 이렇게 적
고 있다.

「이 섬들은 퍽 작지만, 거기에는 많은 여러 가지 다르면서도 공통적인 점
이 있는 종이 있다. 더구나 그것들의 분포 지역은 놀랄 만큼 좁다……. 이런
근거들로 이른바 〈신비 중의 신비〉에 속하는 큰 문제인 새로운 생물이 이

지구 위에 어떻게 생겨났는가 하는 단서가 얻어질 것 같은 생각이 든다」

라이엘이 〈신비 중의 신비〉라고 해서 머문 지점에서 앞으로 나아가 〈아버지〉 라이엘을 넘어 서서 종의 기원을 파고들려고 하는 다윈의 자부가 글자마다 흐르고 있다.

그런데 영국으로의 귀국(1836)은 오랜 항해의 종말이 되는 〈하역(荷役)〉을 뜻하는 동시에 그 성과를 세상에 묻고 박물학자로서의 출발이 촉구되는 부하의 상황이기도 하였다. 귀국 후 얼마 안 있어 그는 아직 만나보지 못한 스승이 라이엘과 만났다. 라이엘은 이 젊은 박물학자를 수용하고 격려의 말을 건넸다. 이후 라이엘과의 친밀한 관계는 평생 변하는 일 없이 계속되었으며 라이엘은 항상 다윈의 옹호자, 호의 있는 비판자였다. 초기의 저작 《비글호 항해기》 및 이른바 지질학 3부작의 완성은 라이엘의 조력에 힘입은 바 컸다.

그의 귀국은 그의 기대에 반하여 그리 환영받지 못했으며, 고심하여 수집한 표본을 정리한 전문가도 찾지 못하고 실의에 빠졌다. 그는 이미 출발 후 반년 만에 자기의 노트 정리법에 의문을 가지고 기재한 사실이 다른 사람에게 흥미를 끌 것인가 어떤지 모르겠다고 헨슬로에게 써 보냈으며(1832년 5월 18일), 항해의 3년째(1834)에는 표본 수집이 실은 불완전한 것이며 무가치하고 학계에 채택되지 못하지 않을까 불안을 품었다. 이 걱정이 이제 현실화한 것이다. 외부에서 시인받지 못할 때 자기 불확실감, 부전감, 자기 비난에 빠지기 쉬운 것이 집착 성격의 상례이다. 귀국 후에도 그는 결코 무시됐던 것은 아니었으며 단순히 박물학자들이 모두 자기 일에 바빴을 뿐이었다. 그러나 그의 마음속에는 표본을 위해서 틈을 내주어도 되지 않는가 하는 숨겨진 응석이 있었다. 이 〈기대에 어긋난 것〉은 일찍이 헨슬로에 대한 응석이 〈기대에 어긋난 것〉처럼 다윈에게는 병원적이었다. 그 자신이 정리를 시작하자 집착 성격적인 꼼꼼함과 열중 때문에 한없는 시간이 필요하였으나 그는 약속 상 《비글호 항해기》, 《비글호 탐험 보고》(동물학부)의 집필에 쫓기고 있었다. 이것은 하나의 궁지라고 할 수 있을 것이다. 훔볼트는 같은 5년 여행으로 30권의 여행기를 냈다. 모델의 위대성에 비교할 때 다윈은 한층 강한 불안감을 느꼈던 것이 아닐까?

귀국한 이듬해(1837) 그는 런던으로 옮겼는데 그 가을에는 병 증세가 나타나 심계항진, 현기, 토기, 불면 등에 시달려 의사에게서 일을 그만두고 전지하도록 지시가 내렸다. 그러나 그는 이 기간에 병을 무릅쓰고 지질학회의 서기로 약 3년간 근무하였다. 비글호에 관한 저술을 2년 가까이 들여서 완성하여 박물학자로서의 〈시민권〉을 획득하고 건강도 회복한 1839년 가을, 그는 30살로 외가 쪽의 사촌 누이 에마와 약혼하고 곧 결혼하였다(1839). 에마는 그의 어머니의 모습을 판에 박은 듯한 여성으로서 그보다 한 살 위였다. 자기의 병을 자각하고 있던 다윈은 〈여성〉을 택할 것을 단념하고 무엇보다도 먼저 자기를 보호하고 자신이 의존할 수 있는 〈모성〉을 근친 중에서 구한 것이다. 대학 시절 교제했던 여성들이 그가 항해 중에 차례차례로 결혼한 것을 알고 그는 감개에 젖었다. 다시 돌이킬 수 없는 청춘이 결정적으로 사라지고 체념과 책임의 나이가 시작되었다는 것을 깨닫지 않을 수 없었다.

결혼 후에는 비글호 항해의 지질학 3부작의 제1부인 《산호초의 구조와 분포(The Structure and Distribution of Coral Reef s)》(1842)(이하 《산호초》라고 약한다)의 집필에 열중하였다. 산호초에 관한 이론의 골자는 항해 중에 벌써 완성되었지만, 저술의 탈고까지에는 20개월의 세월이 걸렸다. 그동안 그는 자주 병에 걸렸다. 1840년 31살 때의 편지에는 「저는 정말로 늙은 개처럼 되어 버렸습니다. 사람은 나이를 먹으면 점점 바보가 되는가 봅니다」라고 쓰고 있다.

1842년 《산호초》의 저술을 끝마친 그는 건강을 되찾아 《종의 기원》의 이론 요지를 적어 놓았다. 이것을 보면 《종의 기원》은 훔볼트의 대저에 비길 만한 것으로 구상한 것 같다. 「종의 기원 연구 노트」를 이미 귀국한 이듬해에 쓰기 시작했으나 그 후에도 중단하지 않고 정성 들여 끈기 있게 계속하였다.

다운 이사

1842년 가을 다윈은 다운으로 이사하였다. 이것이 그의 생애의 큰 전기가 되었다. 이것은 《비글호 항해의 동물지(Journal of Researches on the Voyage of Beagle, 1840~1843)》 5권의 간행이 계기가 되었을 것에 틀림없다. 항해기록은 드디어 눈으로 볼 수 있는 형태로 다듬어졌다. 이것은 감가인인 그에게 있어서 바야흐로 한 시기의 종말, 하나의 〈하역〉이었을 것이다. 그러나 책임을 다한 것이 그에게 울적 기분을 일으키게 작용했다고 해도 울병의 병리에서 보면 자연스럽다. 그 후 그는 학계에서의 공적 활동을 일체 단념하고 다운의 시골에 파묻혀 평생토록 은거하며 연구와 저작에 전념하였다. 이 결단은 〈하역〉에 계속되는 울적상태 속에서 자기의 가능성을 단념하고 자기 한

〈다윈 공간〉의 상징인 다운 저택

정을 꾀함으로써 자기를 방위하려고 하는 것으로 그의 결혼의
결의 경우와 같은 공통성을 찾을 수 있다. 다운의 주택 선택
때에는 토지의 풍광, 주택의 위치, 채광, 방의 배치 등에 엄밀
한 음미를 하였고 이사 후에도 나무를 심고 실내 장식을 바꾸
는 등 고유의 공간을 창조할 때의 울병 환자 특유의 많은 요
구, 철저성을 보였다.

이사 후에는 주로 지질학에 관한 연구를 계속하여 《화산도에
대한 지질학적 관찰(Geological Observation on Volcanic Island
s)》(1844), 이어 《남아메리카의 지질 관찰(Geological Observation
on South America)》(1846)을 집필하여 지질학 3부작을 완성하였
다. 이 동안에도 자주 건강이 좋지 않아 1844년에는 자신의 뜻밖
의 죽음을 걱정하여 《종의 기원의 개요》를 유서의 형식으로 쓴
것을 보아도 병세가 상당히 심했던 것으로 추측된다.

1843년 후커가 4년에 걸친 남극 탐험에서 귀국한 후 두 사람의 관계는 급속히 친밀의 도를 더해 갔다. 여덟 살 아래인 후커는 다윈보다도 훨씬 건장하고 정치적 역량도 지닌 행동파 형이었다. 후커는 후년 히말라야(Himalaya)를 여행하여 레프차(Lepchas)인의 조수 한 사람만 데리고 시킴(Sikkim)에 잠행하였으나 시킴 정부의 수배자가 되어 야생의 천남성(Dragon Arum)을 진흙 속에 묻어 독기를 뺀 것으로 목숨을 잇는 고생을 하기도 하였다. 그러나 그는 굴하지 않고 식물 채집을 계속하여 다시 당시 세계 최고봉으로 알려진 칸첸중가(Kanchenjunga) 등산을 시도하였다. 6개월 후 표본을 몰래 숨겨두고 잡힌 그는 시킴 정부와 교섭하여 끝내 석방되었다. 귀국 후 간행한 《히말라야지(Himalayan Journal)》은 오늘날에도 이 방면의 고전으로 평가되고 있다. 다윈은 이러한 후커에게 자아의 약함, 불확실성을 보강하는 〈상대〉를 찾아냈다고 해도 될 것 같다. 다윈은 후커에게 「자네와 싸운 다음에는 내 생각이 이상하게 뚜렷해진다」라고 말하고 있다.

《종의 기원》 완성

지질학 3부작의 완성 후인 1846년경 병에서 회복한 다윈에게 이번에는 학문상 큰 전기가 찾아왔다. 그의 관심은 항해 중에 흥미 변천의 패턴이 되풀이됐듯 지질학에서 동물학으로 옮겨져 만각류(蔓脚類)*의 연구를 시작하였다. 지질학 3부작이나 《종의 기원의 개요》 등 이 시기까지의 그의 박물학의 저술에서는 후년의 생물학 저술에 비해 직관적, 연역적인 이론 구성, 체

---

* 거북손, 따개비 등을 포함하는 갑각류(甲殼類)의 일종

계화에의 지향성을 발견할 수 있다. 그는 이 무렵 라이엘의 원리를 따르면서 훔볼트의 《우주(Kosmos)》와도 비슷한 장대한 박물학 체계의 확립을 지향하고 있었던 것이 아닌가도 상상된다. 그는 스승 라이엘과 훔볼트의 세계의 기조인 연역적 이론 구성이나 체계화 의도를 달성하려고 무한한 노력을 한 것 같다. 그러나 이 원대한 기획에 좌절하고 자기 부전감, 절망감이 엄습하여 자기의 자질의 한계를 느낀 결과 학문의 영역을 생물학으로 한정하여 다윈적 원리라고도 할 수 있는 사실의 집적, 귀납적 추리, 종합적 구성으로 자기의 학문을 다시 전개하려고 시도하였다. 이렇게 볼 때 만각류의 분류라는 좁고 구체적인 영역에의 방향 전환의 본질이 이미 말한 결혼, 이사와 동질(同質)의 것이었다는 것을 알 수 있다.

《만각류의 연구(A Monograph on the Sub-Class Cirripedia with the Figures of All the Species)》(1851~1852)는 자기 협애화(自己狹隘化)의 시기에 알맞은 일종의 갑각류에 관한 즉물적(卽物的)이며 세밀한 박물지이다. 그가 만각류에 흥미를 갖게 된 것은 칠레(Chile)에서의 체험에 의하는데 비글호 이래의 과제 일부라고도 볼 수 있을 것이다. 그러나 이 극히 일부에 지나지 않는 것을 완성하는 데 그는 8년(1846~1854)의 세월을 소비하고 있다. 이 저술은 어떤 의미에서는 가장 다윈적인 연구라고도 하겠다. 그는 연구는 만각류 모든 분류, 형태, 발생을 망라하고 현존 종 뿐 아니라 화석종에까지 미치고 있다. 그는 종을 정연하게 구별하려고 하였지만, 너무나 면밀한 그의 눈이 이것을 가로막았다. 또 너무나 정확성을 구하기 때문에 일이 지지부진 진척되지 못하고 양과 질과의 모순에 고민하였다. 또 완전성을 바라는 나머지 연구 영역이 무한정으로 넓어졌다. 그 자신은 마치 자기가 미로 속에 있는 듯한 절망감에 사로잡혔다. 이 연구는 말하자면 그 자신의 높은 자기 요구와의 투쟁이었으며 집착 기질인 사람들이 갖는 성격 구조의 자기 모순성이 집중적으로 드러나고 첨예화되었다. 이것은 그들에게 있어서는 다름 아닌 전형적인 발병 상황이다. 그러나 그가 이 연구에서 〈종〉이란 무엇인가를, 이를테면 〈종의 실체성〉을 체험한 것은 귀중하다. 전반의 박물학에서 후반의 《종의 기원》은 《항해기》의 지리적 분포에서 본 〈종의 연속성〉과 《만각류의 연구》의 계통적 분류학상의 〈종의 연속성〉이라는 두 가지 각도에서 본 〈종의 연속성〉 체험 위에 서서 구상되어 갔다고 추정할 수 있다.

그러나 이 과정에는 그는 약 2년 동안 병에 걸려 연구를 전혀 못 하는 날이 계속되었다. 병 때문에 아버지의 장례식(1848)에도 나가지 못하고 자주 요양지로 가서 물 치료를 받고 자택에도 샤워 통을 마련하여 물 치료를 하였다. 이것은 울병 환자에게서 흔히 볼 수 있는 자기 치료의 기호성이다. 이 울적 상태는 가장 좋은 의논 상대인 후커가 인도 여행을 떠나 4년 동안(1847~1851) 없었다는 것에도 관계가 있을 것이다. 후커의 귀국 후 다윈의 연구가 조금씩 완성되어서 건강도 회복되었다는 사실로 보아 수긍이 간다. 또 후년 〈다윈의 불도그(Bulldog)〉로서 진화론 옹호의 투사가 된 젊은 생물학자 헉슬리와 알게 된 것도 이 시기이다.

《만각류의 연구》에 의해 〈종〉을 체험하고 생물학자로서의 〈시민권〉을 획득한 그는 드디어 《종의 기원》의 집필준비를 시작하였다(1854). 학설의 골자는 벌써 10년 전에 조립되어 있었는데 다시 자료를 모으고 스스로 동식물을 사육 재배하여 관계 영역의 지식을 수집하는 등 높은 자기요구와 자기 부전감에 바탕을 둔 무한한 노력은 멈출 줄 몰랐다. 보다 못한 라이엘과 후커의 열성적인 충고에 따라 다윈은 겨우 《종의 기원》의 집필에 착수하였다. 그러나 당시 그의 계획은 간행된 《종의 기원》의 몇 배나 되는 분량의 것이었다고 전해지며 도무지 완성하려는 기색이 없었다. 결국, 1858년 초여름에 일어난 월리스*의 논문 발표라는 외적 사정에 강제되어 친구들의 찬동이나 지지나 촉구로 학설의 요지라는 형태로 《종의 기원》이 탄생하였다. 이러한 외적 사정이 처음에 기도했던 대저의 집필을 단념하게 하지 않았더라면 다윈의 진화론은 영구히 태어나지 못했는지 모른다. 현실의 《종의 기원》은 계획 축소를 반복한 다음 집필에도 13개월을 필요로 했으며 1859년에 초판이 간행되었다. 그러나 집필 중에도 그는 병에 걸려 전지(轉地)를 하기도 하고 물 치료를 받기도 하였다.

《종의 기원》은 전 14장으로 구성되었는데 그 6장은 「학설의 난점」, 9장은 「지질학적 기록의 불완전성에 대하여」인데 독자의 비난을 예상하고 변명을 저작의 중간에 넣은, 유례를 찾아볼 수 없는 구성으로 되어 있다.

「독자는 여기까지 읽어오기 훨씬 전부터 이미 다수의 난점을 알아차렸을 것이다. 그중에는 나를 질리게 할 만큼 심각한 것도 있다.」 6장은 이렇게 시작되었다. 그는 변명을 권말까지 기다릴 수 없었다. 부전 감과 자기 불확실 감에 지배된 집필 중의 기분의 반영이 나타난 것은 무리가 아니었다. 그밖에도 《종

---

* Alfred Russel Wallace, 1834~1913

의 기원》에는 비판에 대한 변명이 너무 많다 할 만큼 씌어 있다. 같은 비판에 대한 방위라도 뉴턴은 하나하나의 비판을 예상하여 일일이 변명하지 않고 유클리드 기하학에 비길만한 완벽한 체계를 만들어 자기 방위를 하려 하였다. 이것은 바로 두 사람의 기질의 차에 유래한다.

여기서 보아 넘길 수 없는 것은 《종의 기원》의 완성에서 다한 후커의 역할이다. 당시 다윈과 후커의 관계는 벌써 「우성 이상의 깊은 관계」(《자서전》)였다. 후커는 자주 다윈 집에서 몇 주씩이나 체재하였다. 후커는 식물학의 지식을 주기도 하고 실험을 의뢰받기도 하였다. 후커는 다윈의 지지자이며 비판자이기도 하였다.

일단 다윈의 새 학설이 발표되자 큰 반항을 불러 종교적 관점에서 격렬한 반대가 야기되었다. 그의 새 학설에 공명하여 학설의 보급에 사명감을 느낀 헉슬리가 옥스퍼드(Oxford)의 논쟁에서 새 학설을 변호하여 〈다윈의 불도그〉로서의 면목을 발휘할 무렵 다윈은 잦은 병으로 외출도 할 수 없었다. 아마 학설에 대한 비판이 건강에 영향을 주었을 것이다. 다윈은 자기 학설에의 비판에 대해 일절 반론을 하지 않았다.

그러나 한편 후커가 원장으로 있는 큐 식물원(Kew Gardens)에 많은 기부를 하기도 하고, 지지가 헉슬리가 앓았을 때, 같은 지지자 뮐러*가 재난을 입어 무일푼이 되었을 때는 돈을 보냈고, 윌리스가 궁할 때는 국가에서 연금이 나오도록 힘을 썼다. 다윈은 결과적으로 그의 주요한 지지자들에게는 모두 돈을 보냈다. 여기에 「반대급부가 없는 무상의 행위를 할 수 없는」(슐

---

* Frits Müller, 1821~1897, 《다윈을 위해서(Für Darwin)》, 1964년 저자

테(Walter Schulte)] 조울병자의 특징을 볼 수 있다.

만년의 다윈은 《종의 기원》에서 남긴 자료를 토대로 아직 쓰지 않은 대저의 일부에 해당하는 《사육 동식물의 변이(The Variation of Animals and Plants under Domestication)》(1868), 《인류의 기원(The Descent of Man, and Selection in Relation to Sex)》(1871), 《인간과 동물의 표정(The Expression of the Emotions in Man and Animals)》(1872) 등의 저작을 남겼는데 부전 감과의 싸움은 그때마다 재연되어 그는 평생 병에서 벗어날 수 없었다.

다윈의 병

다윈의 생애는 병이 그림자처럼 줄곧 따라다녔다. 그의 병의 징후는 이피로성(易波勞性), 두통, 현기, 구토, 불면, 심계 항진 등의 자율 신경 증상이 주였다. 그의 병이 무엇이었던가는 구구한 의견이 있어서 아직 정설이 없다. 남미에서 감염된 샤거스병 때문이라고도 하고 또 일종의 신경증이었다고도 한다. 그러나 최초의 징후가 벌써 비글호 출항 직전에 나타난 것을 보면 감염증이라 하기 의심스럽다. 우리 정신의학자의 눈으로 보면 그의 병은 자율 신경 증상이 전경(前景)에 선 울적 상태, 즉 자율 신경성 울증으로 보는 것이 우선 온당한 견해가 아닐까?

가계 적으로 보면 그의 조부, 아버지, 차남(천체 물리학자), 3남(식물 생리학자), 5남(공학자), 장녀(문필가)가 비슷한 증상을 나타낸 사실이 이 견해를 지지할 것이다. 조울병의 유전 규정성(遺傳規定性)은 적지 않지만 동시에 다윈의 자녀 중에서도 가족적 전통인 학자의 길을 택한 사람이 증상을 나타낸 것도 주목해야 한다. 은행가였던 장남, 군인이었던 4남은 이 병을 모면한 것 같다. 이 경우에 기질과 직업 선택과의 상호 관계뿐만 아니라 프롬-라이히만(Frieda Fromm-Reichmann)이 지적한 것같이 울병은 형제 중에서도 걸출하고 기대가 걸린 성원을 침범하기 쉽고 특히 그 성원이 가족적 전통을 계승하는지 어떤지가 중요시되어야 한다. 식물학자인 3남 프랜시스*가 아버지의 실험 조수였던 것은 이상하지 않지만, 천체 물리학자인 차남 조지**미지 천문학에 진화의 문제를 옮겨와 〈조석진화설(潮汐進化說)〉을 세웠다.

그의 생애를 병과 관련지어 시간상으로 쫓아, 특히 연구와의 연관성을 살펴보자.

그의 가족은 유니테리언(Unitarian)이라는 종교적 소수파에 속하며 18세기 이래 학자, 의사, 목사를 배출해 온 지식인의 가계이다. 이러한 가계의 상례로서 다윈 집안도 전통 의식, 가족 의식이 강하고 가족의 성원은 일체가 되어 그것을 유지, 발전시켜 나갈 수 있도록 상호 간의 애정이나 수용성에 서로 의존한 가족이었다. 이런 가정은 분열병자를 낳을 만큼 비뚤어진 데는 없을 것이 분명하다. 그러나 태어난 아이는 가족의 일원이라는 견지에서는 존중되지만, 인격으로는 간주하지 않으므로 가족을 떠나서 1대1로 신뢰 관계를 기대할 상대를 찾아내기 어렵다. 물론 연장자들, 가족을 업고 선 가장은 가족적 견지에서 아이들을 적절하게 감독하고 지도한다. 다윈에 대한 부친의 태도는 바로 그런 것이었다. 모친을 일찍 여읜 다윈에게는 응석을 부리고 싶어도 부릴 상대가 없었다. 이것은 다윈과 공통점

---

* Sir. Francis Darwin, 1848~1925
** George Howard Darwin, 1845~1912

이 많은 프로이트나 위너의 유년 시절과 구별하는 데 있어서 중요한 점이다. 이러한 가족, 유년시절은 프롬-라이히만이나 도이 다케오(土居健郞)가 말하듯이 울병 환자가 발생하기 쉬운 상황이다.

다윈의 경우 주목해야 할 것은 유소년 시절을 통해서 아버지로부터의 요청에 대해 자기 결정의 유예를 계속 구했다는 점이다. 이 자기 결정의 유예는 고통에 찬 것이었으며 공포, 불안, 강박 등 신경증적인 소년 시절을 보내게 한 원인이 되었을 것이다. 그런데도 감히 유예 기간을 참고 견디었다는 것은 다윈의 내적인 강인성의 증거고 또 이 유예 없이는 다윈의 창조성을 발휘하는 장(場)으로 나갈 수는 없었을 것이다. 조울병의 발병은 물론, 집착 기질적인 고삽(苦澁)의 그림자도 아직 이 시기에는 그의 삶을 물 들이지 않고 있었다는 것에 주의해야 한다.

1831~1836년은 바로 이 유예의 철회, 자기 결정의 시기였다. 이 시기는 세지위크를 수행한 국내의 지질 조사 여행(1831)과 비글호 항해(1831~1836)의 두 여행으로 장식되고 있다. 실제 전자는 후자의 축소판이었고 다윈의 자기 결정이라는 견지에서 보면 두 패턴은 같다. 자기 결정의 내적 요청에 의한 분발과 자연으로부터의 관능적인 강한 촉구로 경조적(輕躁的) 고조 상태가 되어 장대한 자연의 체계적 기술 계획이 태어났다. 그리고 이 계획을 현실화하려는 자기 노력을 드높여 맹목적으로 상황을 극복하려고 하는 집착 성격의 측면이 현재화(顯在化)했다. 국내 탐사 여행 때의 슈롭셔 지질도 작성의 시도도 그 표현이지만 비글호의 항해에서 방대한 표본을 수집하고 극명하게 노트하는 등 노력을 거듭하면서도 여전히 부전 감에 고민하였

다. 나중에 말할 보어와 마찬가지로 다윈도 자기 결정으로 내디디고 나서야 비로소 부전감에 시달리면서 무한한 노력을 하는 집착 성격의 특징이 전면에 나타나는 두 사람의 연관성을 볼 수 있다.

한편 숨겨진 의존 감정이 드러나는 것도 이 자립을 계기로 삼고 있는 것 같다. 국내 탐사 여행 기간에 계획한 카나리아 제도 여행에는 스승 헨슬로가 동행해 줄 것이라는 응석이 있었고, 비글호 항해 중에는 귀국 후 일류 학자들이 표본을 정리해 줄 것이라고 기대하는 의존이 있었다. 여기에 조울병자 특유의 〈자립의 환상성(幻想性)〉, 즉 자립 뒤에 잠재하는 의존성을 보는 것은 잘못이 아닐 것이다. 애초 그는 아버지 권고를 거역하여 아버지의 세계에서 출발하는 것같이 보였지만 이 출발은 사실은 조부의 세계로의 회귀이며 조부와 연계하여 정신적으로 의존함으로써 아버지를 넘어가서 자기를 결정한다는 전통 지향적인 의사출발이었다. 울병자의 자립, 자기 결정은 다분히 환상적인 것이어서 결국 그들은 영원한 소년이며 일생 참된 자립, 자기 결정의 달성을 계속 추구한다.

그런데 비글호에 의한 항해가 박물학자로서의 자기 결정의 마지막 계기가 되었다. 이 항해에서 그에게 다행했던 것은 일의 의무, 일과라는 하나의 틀에 박혀 있었다는 것, 나날이 전개되는 속목(屬目)의 자연과 사색 사이에 변증법적 관계가 존재했다는 것, 선원들과 규율 있는 생활을 보냈다는 것이었다. 이것들이 그의 순환 기질적인 면과 집착 기질적인 면 사이에 어떤 조화를 가져와 연구를 진행하고 발병을 막은 것이 아닐까?

1836년 귀국 이후 이러한 나날의 행복스러운 조화는 상실되었다. 항해의 완료는 얼핏 보아 〈하역〉이었던 것처럼 보이지만 실은 표본과 노트를 정리하면서 보고서를 써야 하는 책임이라는 새로운 부하가 시작되는 시점이기도 하였다. 더구나 미답(未踏)의 자연에 직접 접촉하는 감각인적(感覺人的) 기쁨은 없어지고 대상이 되는 것은 이미 수집된 것, 쓰인 것들이었다. 그것은 밖으로 드러(外化)난 기억일 따름이며 그의 시간 의식은 싱싱한 미래를 빼앗기고 뚜렷하게 과거를 지향한 역동으로 전향하여 그의 집착 성격적 측면이 전경에 나오게 되었다. 더구나 기대하고 있었던 원조는 당분간 얻을 수 없게 되었다. 이것들은 모두 조울병을 촉진하는 상황인(狀況因)이 될 수 있다.

그 후 그는 생애를 통해 증상의 정도는 있었을망정 울병에서 결정적으로 해방되지 못했다. 그러나 그의 울병은 자율 신경성 울병의 양상까지 가는 일도 없었다.

이러한 그의 병의 경과와 증상의 특징은 평생 스스로 연구한 사실과 무관하지는 않을 것이다. 종래부터 울병 발명의 상황인으로서는 자기 상실이, 그 억제 조건으로서는 목적 지향성 긴장(슐테)을 들고 있다. 다윈은 끊임없이 목적을 자신의 안에서 재생산할 수 있었기 때문에 치명적인 목적 상실에 빠지는 일이 없었다. 특히 그에게는 자기의 부전 감을 결정적으로 지양할 환상적인 큰 목표와 더불어 당면의 현실적 노력 목표가 항상 존재하였다. 이러한 목표 설정의 이중 구조성과 양자 사이의 일종 조화가 그의 특징이며, 이것은 그의 일종의 현실 감각, 평형감각에 유래하는 것이리라, 현실의 목표를 잃어버리지 않고 한편에서는 병이나 또 친구의 도움을 받아서 현실과의 타협을 꾀하여 목표를 수정하고 현실화해 가는 것이 그를 진성울병상으로 가는 것을 막을 수 있었던 조건이다. 동시에 환상적인 목표는 늘 그를 연구에 몰아넣었고 더구나 그가 연구를 계속하는 한 집착 성격의 자기모순이 첨예화하여 그라 도저히 울병에서부터 빠져나올 수 없게 하였다.

다윈의 병과 연구와의 관계를 도식화하면 연구에의 분발 → 환상적 대 계획 → 구체적 소 계획 → 집착 성격적 노력 → 심적 위기 → 병상의 악화 → 질병 매개로 한 단념 → 친구를 매개로 한 현실과의 타협 → 연구의 완성 → 생활공간의 재정리, 협액화(狹隘化, 자기 한정에 의한 인생의 전기) → 다시 연구에 대한 분발로 될 것이다. 그에게 있어서 연구의 완성은 부전 감을 본질에서 해소하지 못했고 항상 현실과의 본의 아닌 타협일 따름이었다. 이것이 또 그에게 다음 분발을 낳게 하여 연구의 완성 후 이를테면 전선을 축소해가면서 재건을 계획하고 병과 싸우면서 같은 순서로 연구를 진행했다.

1838년 《비글호 항해기》의 완성은 목표 상실을 가져왔는지도 모를 하나의 위기였으나 환상적인 대 계획을 연장해 가면서 당장 《항해기》를 보충하는 것으로 지질학 3부작의 집필을 계획하고 병에 시달리면서 이것을 완성하였다. 이에 수반하여 그는 결혼, 다운 은거, 만각류 분류학에의 전향 등 자기 한정을 꾀하고 좁은 공간 속에 숨고 이것에 의존하면서 환상적 대 계획의 일부에 해당하는 《종의 기원》이라는 내발적(內發的)인 연구를 전개했다. 일반적으로 울병자에게 있어서 내발적인 연구는 밖에서 주어진 연구에 비교해 한층 어려운 것이다. 그러나 그는 스스로 사유, 실험, 관찰함으로써 감각인적 특성, 시간 의식의 미래 지향성 등의 순환 성격적 측면을 소생시켜 후커, 헉슬리 등

의 우정에 강하게 뒷받침되어 집착 성격의 자기모순에서 탈거
하여 《종의 기원》이라는 자기 한정의 마지막 증명에 이르렀다.
《종의 기원》 완성 후 그는 이것을 보완하는 일련의 연구 때문
에 목적 지향성 긴장을 유지하지만, 그 때문에 치른 집착 성격
적 노력 때문에 그는 평생 병에서 해방되지 못했다.

　생애를 통해서 그의 병은 그의 자기 발표, 창조 활동과 길항
(拮抗) 하지만 또 반대로 병의 매개 때문에 그는 현실화에 필요
한 자기 한정을 성취하고 학문적 업적을 창조했다. 그의 병은
이를테면 자기 성숙에의 괴로운 투쟁역사를 반영하는 것이었다.

다윈의 생애

나이	0	10	20	30
년도	1809	1819	1829	1839

업적	웨일즈 지질조사단 여행 케임브리지 대학 신학부 에든버러 대학 의학부			
거주지	슈루즈베리		비글호 런던	
목표	"세계를 종말에 이르게 하는 가설"		홈볼트형 대저	

| 질병 | | | | |

| 자기 결정과
자기 한정 | 라마르크의 진화론을 알게 되다 · 헨슬로를 알게 되다 · 세지위크를 알게 되다 · 출항=자기결정 (박물학자로서) · 귀항=부친의 승인 · 결혼=자기결정 · 다운 은둔=자기한정 |

| 교우 | 헨슬로 ————————
세지위크 ————————
라이엘 ————————
후커 |

40	50	60	70	73
1849	1859	1869	1889	1882

←〈남아메리카의
　　지질 관찰〉
←〈화산도에 관한
　　지질학적 관찰〉
〈덩굴 식물의
　운동에 관한 습성〉

〈종의 기원〉 후의 여러 저작

다운

"한 모노그라프"

라이엘형 대저

〈종의 기원〉 보완

● 지지학　포기, 생물학　모노그라프에　전념 = 자기한정

● 부친 사망

● 〈종의 기원〉 착수 = 자기한정

● 월리스 논문 발표

● 대저 계획의 포기　타협적 〈소〉 저 〈종의 기원〉 완성 = 자기한정

헉슬리

참고 문헌

八杉龍一, 《ダーウインの生涯》, 岩波新書, 1950.

駒井卓, 《ダーウインーぇの生涯と業績》, 培風舘, 1959.

伊藤秀三, 《ガラパゴス諸島》, 中公新書, 1966.

下田光造, 「躁うつ病について」, 《米子醫學誌》, 第2卷, 第1號, 1950.

笠原嘉, 「精神醫學における人間學の方法」, 《精神醫學》, 第10卷, 第1號, 1968.

土居建郎, 《精神分析と精神病理》, 第2版, 醫學書院, 1970.

사진 출처

1. Charles Darwin, A photograph of Charles Darwin by Herbert Rose Barraud (1845~1896) taken in 1881, The original is in The Huntington Library.

2. Down House, Downe, London Borough of Bromley, England., by Glen from United Kingdom, Down House, Downe, Kent

3. 지그문트 프로이트

Sigmund Freud
1856~1939

과학자이자 사상가인 프로이트

프로이트는 정신 분석의 창시자로서 20세기 전반의 사상의 상황에 결정적인 변혁을 가져왔다. 그는 인간의 행동은 무의식적인 성적 충동(性的衝動)으로 규정된다는 대담한 인간관을 제시하여 세기말 빈(Wien)의 위선적인 시민 사회에 충격을 준 동시에 자기가 발견한 정신 분석 방법에 의해 인간의 모든 정신 현상의 수수께끼를 해명하고 나아가 문화 현상에도 날카로운 분석의 메스를 가했다. 정신 분석은 원래 신경증 치료의 한 기법이었으나 오늘날에는 그 영향이 정신 의학, 심리학에 그치지 않고 사회학, 문화 인류학 등의 사회 과학으로부터 예술에 이르는 광범한 분야에 미치고 있다.

이러한 야심적, 혁명적, 예언적인 사상가로서의 일면 외에도 프로이트에게는 지적, 합리주의적인 과학자, 병든 인간의 정신 치료자로서의 자기 억제적인 일면이 있었다. 프로이트의 전체상(全體像)은 말하자면 야누스(Janus)적인 양면성에 의하여 특징지어지고 양자가 서로 강한 갈등 관계에 있는 듯 보인다. 사상가로서의 강한 야심은 자기의 무의식의 깊숙한 내면에 억압되고 의식적으로는 과학자로서의 방위적인 의상을 걸치고 있었던 것은 아닐까?

프로이트가 구축한 학문의 체계는 바로 정신 〈분석〉이라는 이름이 말해주듯 분명히 19세기적인 분석적, 자연 과학적 사상의 소산이었다. 그는 인간의 정신을 분석하여 몇 가지 요소로 분해한 다음 이것들을 적절하게 재구성하여 심적 장치(心的裝置)를 구상하였다. 그리고 거기에 작용하는 심적 에너지를 당시의 물리학의 방법을 본떠서 투사(投射)*, 전이(轉移)**, 전환(轉換)*** 등의 조작 개념(造作槪念)을 써서 설명하였다.

이것은 물리학적 에너지가 적당한 방법에 의해 위치 에너지, 열에너지, 운동 에너지, 전기 에너지 등 사이에서 서로 변환될 수 있다는 당시의 물리학 발견을 심리학에 적용했을 뿐 아니라 극히 인과론적, 요소 주의적이었다. 그의 심리학이 젊은 날의 스승이던 브뤼케(Ernest W. von Brüeke)의 심리학적 응용이라고 하는 까닭이 여기에 있다.

그러나 벌써 대학생 때에 프로이트는 「나는 인간에 관한 것

---

* 역자 주: 자신의 바람직하지 못한, 용납할 수 없는 생각이나 충동을 타인 때문이라고 남에게 내던져버리는 심리 기제. 예를 들면 남에게 거짓말을 잘 하는 사람이 남의 얘기를 거짓이 아닌지 자주 의심하는 것의 경우이다.
** 역자 주: 전이(Transference)란 과거에 자신이 알았던 사람을 최근에 알게 된 사람과 동일화하여 과거에 알았던 사람에게 쏟던 감정을 현재의 사람에게 옮기는 기제.
*** 역자 주: 전환(Displacement)이란 정서가 원래의 무의식적인 대상이나 사람으로부터 덜 위험하고 보다 용납되기 쉬운 대상으로 바뀌는 기제.

외에는 흥미를 느낄 수 없다」는 것을 자각하였으며 그에게는 항상 냉정한 과학자라는 가면 밑에 강렬한 인간에의 관심이 존재하였다. 그러나 인간에의 관심이란 그의 경우에는 무엇보다도 먼저 자신에의 관심이었다. 그는 일단 〈세계의 수수께끼〉를 풀려고 생리학을 지망하고 이어 신경병 학자로서 일가를 이루지만 중년이 되자 굳이 정신 요법가로 전향하였다. 이 전향은 서서히 그의 내면에서 운명적으로 준비된 것으로서 자신의 수수께끼에 대한 강렬한 집착으로 유도된 것이다.

아카데믹한 학자에게 있어서는, 설혹 정신 의학조차, 학문이란 인간에 관한 무제한의 관심을 단념하는 것에서부터 성립되는 것이다.

「학문에 사는 사람은 홀로 자기의 전문에만 틀어박힘으로써 자신은 후세에까지 남을 만한 업적을 성취했다는 기쁨을 느낄 수 있다. …… 말하자면 스스로 눈가리개를 할 수 없는 사람……은 우선 학문과는 인연이 먼 사람들이다」*

프로이트는 이러한 금욕에 철저하지 못했다.

16년간 투병해 온 암에 의해서 83살의 고령으로 세상을 떠나기 불과 한 달 전에도 프로이트는 갓 망명한 런던에서 환자를 진찰하려 하였다. 그의 인간에의 관심은 무엇보다도 먼저 철저한 개별적 연구에서 시작되었다. 프로이트만큼 일생 지칠 줄 모르고 환자를 계속 진찰한 정신과의는 없다. 이 철저한 개별적 사상에의 집념은, 얼핏 보아 하잘것없는 사소한 말의 착오, 실패, 꿈에까지 미치고 거기서부터 중대한 문제의 열쇠를

---

* 막스 베버(Max Weber, 1881~1961), 《직업으로서의 학문(Die Wissenschaft als Beruf)》

포착하였다. 《꿈의 해석(Die Traumdeutung)》(1900)이나 《일상 생활의 정신 병리(Zur Psychopathologie des Alltagslebens)》(1901)는 그의 긴 학문적 생애 속에서도 결정적인 시기에 쓰인 중요한 책이다.

그러나 프로이트는 개별적 사상의 분석적 연구에 파묻혔던 것은 아니다. 「사람은 항상 완전을, 전체를 소망한다. 그러나 어디서부터든지 손을 대 한발 한발 전진해 나가는 수밖에 없다」고 말하였다. 그에게는 항상 전체성에의 지향이 있었다. 정신 〈분석〉의 이름 아래 빠드리기 쉬운 프로이트의 뛰어나고 종합적인 면을 지적한 것은 그의 제자로 출발한 스위스의 정신 의학자인 빈스방거(Ludwig Binswanger)의 공적이다. 그러나 프로이트의 전체성은 추상적, 선험적(先驗的), 세계 초탈적인 것이 아니고 구체적인 것 속에서의 실천을 통해서 비로소 획득되는 〈구체적 전체성〉, 모순을 품은 역동적(力動的), 역사적인 전체성이었다.

프로이트는 인간의 심리적 세계를 의식과 무의식에 걸친 성층 구조체(成層構造體)로서 파악하였다. 이 성층 구조 속에 개인의 발달 과정과 그 도상의 사건이 변형을 받아가면서 둘러싸여 있다. 그것은 하나의 역사적 전체이다. 프로이트는 개인의 역사 속에서 현재의 증상의 근원을 찾았다. 그리고 특히 억압되고 무시되어 온 것 속에서 진정한 동인(動因)을 보았다. 즉 하부 구조=무의식·충동이 상부구조=의식·이성을 결정한다는 것, 더구나 양자 사이에 상극 관계가 존재한다는 것을 주장하였다.

이렇게 요약하면 같은 과학자이면서 예언자였던 마르크스*와

---

* Karl Marx, 1813~1883

의 유비(類比)가 저절로 문제가 될 것이다. 양자의 본격적인 대비는 우리의 한계를 넘는 것으로 비스(D. Wyss)의 저서 《마르크스와 프로이트(Marx und Freud)》(1969)에 양보해야 하겠지만 예를 들어 마르크스가 청교도의 〈보이지 않는 신(Deus Absconditus)〉을 초기 자본주의의 시장 투쟁의 익명성(익명성)과 비합리성(무정부 상태)에 관한 억압적인 사회적 경험을 종교적으로 표현 또 상징한 것이라고 할 때 프로이트의 발상적 유연성(類緣性)은 가릴 수도 없다.

〈부르주아적 위선〉의 가면을 벗기고 19세기에서 20세기에의 사상적 교량 역할을 한 두 사람의 사상적 세계는 모두 역동적, 변증법적 구조로 되어 있음이 주목된다. 뉴턴 등의 정적, 자기 완결적 세계와의 상위는 너무나도 명백하다. 이것은 프로이트나 마르크스가 뉴턴처럼 현실로부터 도피함으로써 자기의 세계를 만든 것이 아니고 바로 자기 형성 과정에서 부모 등과의 심각한 심리적 갈등을 정면 돌파하려고 시도했던 것과 무관하지는 않을 것이다. 여기에도 자기 형성의 자세와 시대와의 만남을 볼 수 있다.

프로이트는 객관적인 관찰자, 기재자일 수는 없었다. 설사 야스퍼스가 말했듯이 프로이트의 심리학이 〈의사적 요해(擬似的了解)〉 바로 그것이라 할지라도 항상 환자에의 정신 요법적 실천으로 환자의 말에 귀를 기울이고 환자에게 〈해석〉을 해주는 가운데 〈대화적〉으로 형성된 것임을 잊어서는 안 된다. 그는 마르크스와 마찬가지로 실천을 떠난 인식은 없다고 생각하고 있었다. 프로이트의 경우 실천이란 항상 치료적 실천이었다.

프로이트에게는 치료란 극히 상호적인 것이었다. 바로 말하면 그것은 하나의 극(劇)이다. 정신 분석이란, 동시에 진행되는 다중극(多衆劇)이라고 할 수 있다. 그것은 먼저 구체적으로는 치료자와 환자가 출연하는, 감정이 강하게 하전(荷電)된 극이다. 그러나 이 감정은 전이성(轉移性) 감정이라 하여 환자가 본래 어릴 적에 깊은 대상관계를 가진 상대에게 대한 감정이 치료자를 대상으로 하여 되살아나고 치료자에게 전이된 것이다. 치료자와 환자가 출연하는 극은 실은 환자 스스로 과거의 내상관계를 둘러싸고 진행되는 극이며 과거의 극적 재현이라고도 할 수 있다. 또 그것은 환자의 내면에서 연출되는 극, 환자의 〈자아〉, 〈초자아〉, 〈리비도(Libido)〉가 출연하는 극이기도 하다. 그리고 동시에 치료자 자신의 안에서도 하나의 극이 연출되고 있다. 즉 프로이트의 치료적 실천이 적어도 생애의 위기 시기에 있어서 그러했듯이 환자를 매개로 하는 자기 인식, 자기 치료의 극이기도 하였다.

인격과 생활 태도

프로이트의 인상에 대해서는 그와 접촉한 사람들에 따라서 구구하다. 프로이트의 인격은 복잡, 다면적이며, 여러 가지 특징이 섞여 있어 통일적으로 파악하기는 극히 어렵다. 근친에 의하면 어린이처럼 단순, 태평하며 자랑하지 않고 가까이하기 쉬운 사람이었으나 비판적인 사람이 볼 때는 교활하고 허영심이 강하며 거만한 인물이었다. 이 이유는 먼저 그의 인격 구조의 양의 적 구조에 있다. 그의 내면에 대립하는 성격 경향이 소용돌이치고, 자신 과잉-자신 과소, 쉽게 믿는-의심이 많은,

야심적이고 과대적-원망 잘하고 피해망상적, 정열적인 사랑의 충동-강한 성적 억압, 남성적 공격성-여성적인 부드러움, 독립-의존, 과학적인 엄격한 자기 억제-환상적인 사색에의 깊은 동경 등 모순된 태도가 갈등하면서 공존하고 있었다. 즉 신경증적인 갈등적 심리 구조에서 생기는 내적 긴장이 그의 생애를 일관해서 존재하고 있었다.

그는 여러 가지 신경증적 증상을 보였다. 강박적인 꼼꼼한 성질, 공포증, 불안 발작, 심장 신경증을 비롯하여 다종다양한 심기증(心氣症)*, 퇴행을 일으키기 쉬운 심리적 불안정 등 증상은 다채로워 어느 한 신경증 유형으로 분류할 수 없다. 그러나 그의 경우 이 다채로움은 그의 신경증이 심한 증세라는 것을 뜻하지 않는다. 흔히 있는 단일 증상의 신경증, 즉 모든 갈등에 대해서 같은 강박 행위, 동일한 심기적 호소로써 응한다는 것은 환자의 인격의 평판성(平版性), 강직성과 대응하고, 반대로 갈등에 따라서 증상이 천변만화하는 것은 오히려 내면의 풍부성, 유난성을 암시하는 것일지 모른다. 그는 「동요는 하지만 가라앉지 않는다(Fluctuat Nec Mergitur)」라는 파리 시의 표어 〔파리시는 선원 길드(Guild)에서 발단하였으며 이 표어를 붙인 배를 도안한 문장(文章)을 가지고 있다〕를 좋아하였다.

부단히 동요해 마지않는 내면생활에도 불구하고 그의 일상생활은 외면적으로는 의외라 할 만큼 평범하고 단조로웠으며 규칙적이었다. 행동의 파탄은 한 번도 볼 수 없었다. 그는 47년 동안이나 같은 집에 살았으며 한 부인을 지켰다. 아이들을 무척 사랑하여 진료실에 없으면 아이들 방에 있었다고 한다. 또

---

* Hypochondriasis, 보통 한국에서는 건강염려증(健康念慮症)으로 번역한다.

한 유태(Judah)적 가장으로서 부모와 누이들, 나아가서는 처제까지도 부양하였다. 부지런히 일하여 장년 시대에는 하루 10시간에서 12시간이나 진료한 다음 임상 기록을 적고 저술에도 힘썼다. 오랫동안 암을 앓으면서도 고령으로 죽기 한 달 전까지 이 생활양식은 바뀌지 않았다. 취미는 오히려 평범해 그리스의 고전이나 셰익스피어*를 애독하고 딴 돈이 생기면 그리스·로마의 골동품 수집에 충당하였다. 멋을 좋아하여 매일 이발소에 갔다. 또 그에게는 완만한 기분 변화가 있어서 스스로 7년마다 고조기(高潮期)가 찾아왔다고 말하고 있으나 울적(鬱的)인 시기에도 전혀 일을 못한다는 정도는 아니고 도리어 상태가 좋지 못한 듯한 때에 좋은 문장을 썼고 고조기에는 문장이 흩어져서 문법적 실수가 잦아진다는 것을 자각하고 있었다.

그의 기본적 성격은 순환 기질적인데, 동시에 집착적인 면이 있어 전체적으로는 조울증 권에 기울어 있다. 그러나 어릴 적에 가진 어머니와의 밀접한 대상관계 덕분으로 부전감, 양심성 등의 자책적(自責的)인 면이 발달하지 않았고 그 대신 신경증적인 것이 전면에 나와서 외부에 대한 공격 쪽으로 기울어졌다고 말할 수 있다.

그가 위기에 빠지는 상황은 반드시 그의 성숙에의 계기와 결부되어 있다. 소년 시절의 남성으로서의 자기 결정, 가정을 갖는 것, 아버지가 된 것 등 그에게 성숙을 요구할 상황 때마다 내면의 갈등은 높아졌고 내면의 공격성이 불안을 불러일으켜 퇴행이나 회피적 행동과 더불어 다채로운 신경증 증세가 발현하였다. 그러나 그런 가운데서 그는 현실에서 전면적으로 철퇴

---

* William Shakespeare, 1564~1616

하거나 갈등을 무시하거나 억압하지 않고 마침내 자기의 갈등 상황을 자각함으로써 위기를 넘어서서 현실적 해결과 신경증 이론의 학문적 성숙으로 자기를 이끌어 갔다.

출생과 성장

프로이트는 1856년 5월 모라비아(Moravia)의 프라이베르크 (Freiberg)에서 태어났다. 부모는 모두 순수한 유대인이었다. 아 버지 야곱(Jacob)은 모직물 상인이었고 온화한 성격이어서 가족 으로부터 신뢰받았다. 아버지는 재혼이었는데 어머니는 초혼으 로 아버지보다도 스무 살이나 아래였고 쾌활하며 활발하고 지 적인 여성이었다. 두 이복형은 스무 살이나 연장으로서 그중 한 사람에게는 프로이트보다도 나이가 위인 아들도 있었다. 이 형에 대해 프로이트는 아버지를 대하는 듯한 마음을 갖고 있었 으며,「이 형님의 자식으로 태어났었더라면 내 일생은 훨씬 쉬 웠을 것」이라고 고백하고 있다(존스, Ernest Jones), 그가 영국을 좋아하게 된 것은 맨체스터(Manchester)에서 면화 상을 하고 있던 이 형에의 동경에 의한 바가 크다. 이 형의 아들 요한 (Johann)은 프로이트보다 한 살 위인데 프로이트가 세 살 때까 지 서로 떨어져 있을 수 없는 쌍둥이와 같은 관계에 있었다. 그러나 프로이트는 무엇보다도 먼저 젊은 어머니의 첫아들로 어머니의 한없는 자랑과 사랑을 독차지하며 성장하였다. 항상 가정의 중심적 존재였고 가족의 기대는 그에게 집중됐다. 후에 그는 스스로「어머니의 더할 바 없는 총애를 받은 사람은 일생 정복자라는 감정, 즉 성공에의 확신을 가지며 흔히 현실적인

성공을 이룩한다」고 말하였다. 1930년 93살이라는 고령으로
죽을 때까지 프로이트와 함께 산 어머니는 언제까지나 프로이
트를 가리켜 「나의 황금의 지기(Sigie)」(지그문트의 애칭)라고 불
렀었다.

 그 후 프로이트에게는 다섯 누이와 두 동생이 생겼다. 바로
밑의 동생은 프로이트가 돌이 되기 전에 태어나서 프로이트는
「어머니의 사랑과 젖꼭지를 다투는 상대가 생겼으며 아우가 여
덟 달 만에 병사했을 때에는 경쟁자가 없어진 듯한 큰 기쁨을
체험했다」고 한다.

 이러한 어머니와의 강한 결부에 비교해 아버지는 오히려 어
머니의 사랑을 둘러싼 경쟁 상대로서 나타났다. 프로이트는
「아버지가 어머니에게 지그문트에게 마음을 빼앗겨 자기에게는
그다지 마음을 쓰지 않는다고 비난하고 다툰 것을 기억하고」
있다. 이 부자 관계는 후년 그가 발견한 오이디푸스 콤플렉스
(Oedipus Complex)를 상기시킨다. 프롬*에 의하면

> 「아버지는 자식에 대해 공평한 태도를 보였고 그를 꾸짖는 것은 어머니
> 가 아니고 항상 아버지였다」

그에 대한 아버지의 태도는 약간 거리를 둔 것이었다. 하기는
유대교에 있어서의 아버지의 지위가 한 집안의 제사를 관장하
는 가부장이며 그리스도교도의 경우보다 훨씬 중요하다는 것을
고려할 필요가 있을 것이다.

 어릴 적 프로이트는 부모의 침실을 향해 몇 번인가 오줌을 깔
긴 일이 있다. 일곱 살 때는 온화한 아버지도 그것을 알고는 한

---

* Erich fromm, 1900~1980

번은 「너는 사람 되기 틀렸다」고 말하였다. 이 말은 프로이트의 어린 마음에 새겨져 이것을 계기로 공부에 열중하게 되었다. 후년에 그는 저작이 끝났을 때마다 이 말을 상기하여 「아버지, 그래도 저는 괜찮은 사람이 되었습니다」하고 중얼거렸다. 그러나 한편 프로이트는 깊은 존경심으로 아버지를 〈특별한 분〉〔플리스(Wilhelm Fliess)에의 편지〕이라 부르면서 나중에 말하듯이 아버지를 옹호하며 아버지의 원수를 갚겠다는 생각을 품었다.

프로이트가 태어났을 무렵 불황 때문에 아버지의 장사는 이미 어려운 상황에 있었고 세 살 때는 집안은 곤궁해져 살던 동네를 떠나 1년 동안 라이프치히(Leipzig)에 머문 다음 빈으로 옮겼다. 라이프치히로 향하는 기차 속에서 프로이트는 처음 가스등을 보았는데 그는 그것이 지옥에서 타고 있는 도깨비 불같은 생각이 들어 그때부터 기차에 대한 공포증이 시작되어 평생 혼자 가는 여행을 꺼렸다. 그 자신은 후에 「나의 공포증은 말하자면 빈곤이나 기아에의 공포였다」고 말했다. 그것은 본질적으로는 「버림받은 것에 대한 공포」이다. 어릴 적 그는 숲속을 산책하면서 아버지 곁을 한시도 떨어지지 않았다. 후년에도 그는 기차를 놓칠까 두려워한 나머지 발차 1시간 전에 정거장으로 가는 것이 상례였다. 쌍둥이와 같은 관계에 있었던 조카 요한은 라이프치히를 떠나는 프로이트 집안과 헤어져 아버지(프로이트의 이복형)를 따라 영국으로 떠났다. 이별도 여행의 공포감을 더욱 깊게 했을 것이다.

소년 시절의 그는 공부와 독서에 탐닉하는 한편 가정의 중심이기도 하였으며 형제 중에서는 왕이었다. 동생들의 교사 노릇도 하며 약간 부친적인 자세로 그들에게 대했다. 그는 실제보다 나이가 많아 보였고 자신도 그렇게 행동하였다. 프로이트 집안은 가난한 가운데서도 학비를 염출하여 그의 성공을 바랐다. 일찍 아홉 살에 그는 김나지움(Gymnasium, 독일의 대학 진학 과정의 9년제 중학교)에 입학하여 8년간의 재학 중 1, 2학년을 제외하고는 줄곧 수석을 차지하여 최우수 성적으로 졸업하였다. 그는 분에 넘치는 호화로운 책, 고급 책을 사서는 가난 속에 자신의 긍지를 지탱하는 도구로 삼았으며 책방에 갚을 수 없는 빚을 지고 아버지에게 꾸중을 듣기도 했다.

그의 자기 결정은 순조롭지 못했고 중년에 이르기까지 여러 가지 동요가 보이지만 후세에 이름을 남기고 싶다는 야심은 어릴 적부터 일관하였고 소년 시절에는 군인이 되어 영웅으로 칭송받기를 바랐다. 나르시스적(Narcissistic)인 자기극화(自己劇化)의 환상 속에서 칼에 의한 세계의 정복이라는 몽상이 그의 마음을 사로잡았다.

그가 자기와 동일시한 군인은 카르타고(Carthago)의 명장 한니발*과 나폴레옹**휘하의 원수 마세나***였다. 이 동일시는 프로이트의 생애에 길고 깊은 각인을 남겼다. 프로이트는 후에 자기의 몽상에 언급하여 이렇게 말하였다(《꿈의 해석》).

「한니발은 유대인과 같은 셈족(Semite)이며 당시는 마세나도 유대인이라고 생각하였다. 또 12살 때, 예전에 아버지가 유대인이기 때문에 모욕을 받고 그것을 참고 견디셨다는 것을 듣자 아버지의 원수를 갚아야겠다고 생각하여, 아버지 하밀키르 바르카스****가 한니발을 제단 앞에서 로마에의 복

---

* Hannibal, B.C. 247~183?
** Napoléon Bonaparte, 1769~1821
*** André Masséna, 1758~1817
**** Hamilcar Barcas, B.C. 270~228

수를 맹세시키는 모습에 감정이 이입하였다」

로마는 프로이트에게 특별한 뜻을 지니고 있었다. 그는

「나의 로마 동경은 전적으로 신경증적이었다」

(1897년 12월 3일 플리스에의 편지)

고 말하였다. 무엇보다 한니발도 마세나도 모두 이탈리아에 진공한 장군이라는 점이 프로이트에게는 유대인으로서 아버지의 원수를 갚는다는데 중요한 의미를 지니고 있었다. 로마 제국 또는 서구 문명의 중심으로서의 로마와 유대와의 대립은 새삼 말할 것도 없을 것이다.

그러나 《꿈의 해석》 속에서 그는 로마를 동경하면서도 실제로 로마에 가는 일에는 이상한 억제가 작용하고 있었다고 말하고 있다. 일찍이 한니발 군이 로마를 목표로 80㎞ 전방의 트라지메나(Trasimena) 호반까지 다다랐을 때, 마음속의 소리가 한니발에게 이 이상 로마에 접근하지 말라고 명했다. 마찬가지 마음의 소리를 프로이트도 이 호반에서 들었다. 그가 겨우 로마로 갈 수 있었던 것은 1901년 45살 때였다〔존스(Ernest Jones)〕. 그는 1904년에는 아테네의 아크로폴리스(Acropolis)도 방문하였는데 그때 이인체험(離人體驗)*을 일으켜 외계의 실재감을 상실하였다. 이러한 기묘한 체험의 이유에 대해서 프로이트는 자기가 「성공에 관용하지 못한」 사람이며 「아버지가 이룩

* 흔히 이인증(離人症)이라고도 부르는데 여러 형태의 정신병에서 볼 수 있는 주관적 정신 상태이다. 자기 자신의 인격 "나"라는 것이 없어지며 자기를 현실 일부로 생각하지 못하는 상태이다. 프로이트는 이것을 현실격리증(現實隔離症, Derealization)이라고 부르고 있다.

한 이상의 일을 해서 아버지를 능가하고 싶다는 금지된 소망」
이 성공을 눈앞에 두고 그의 마음에 공포를 일으키게 했다는
자기 해석을 하고 있다.

이것은 아버지에의 공포에 의한 자벌(自罰), 즉 거세 공포(去勢
恐怖, Castration Fear)에 연결되는 것이다. 「정신 분석의 실천
을 통해 얻은 약간의 성격 유형」(1916)이라는 논문 속에서 프
로이트는 확실히 자기를 염두에 두면서 성공을 눈앞에 두고 좌
절하는 성격 유형에 주목하여 그것을 자기 처벌에 결부하고 있
다. 즉 성공의 순간을 견뎌낼 수 없는 사람이 있으며 그러한
사람에게 있어서 대외적인 욕구 불만은 병원적인 것은 아니며,
반대로 현실이 원망이 충족될 예측을 보이자마자 그 자체를 견
딜 수 없게 되고 욕구 불만이 생겨 원망의 충족을 거부하기에
이른다는 것이다.

한니발도 마세나도 한 번은 기적적인 큰 공을 세워 운명의
총아가 되었으면서도 끝내 그들보다 둔하고 끈질긴 적장에게
패한다는 비극의 장군이었다. 소년 프로이트도 집안의 총아였
고 우수한 학생이면서도 이러한 행운은 오래 같이 없다고 생각
하여 진지하게 요절을 두려워했다고 한다. 아버지를 위한 복수
인가, 아버지를 초월하는 데 대한 공포인가라는 엇갈림은 어디
서 오는 것일까?

생각건대, 군인과 자기 동일시, 칼에 의한 세계 정복의 환상
은 무엇보다도 먼저 자기의 공격성의 승화 위에 선 남성으로서
의 자각, 즉 자기의 성적 동일성의 확립에 관련된 것 같다. 이
것은 남성 선언이다. 그러나 패장과 자기 동일시라는 것은 이
〈남성 선언〉에 무엇인가 무리가 있다는 것을 말해주고 있다.

그것이 후에 성공 공포, 특히 로마로 갈 수 없다는 기묘한 증상으로 나타나 뒤에서 설명하는 1890년대의 위기가 되어 그를 괴롭혔을 것이다.

애초 〈어머니의 도시〉라고 한 로마는 말하자면 어머니의 상징이어서 거기에 가려고 하면 〈무조건 적장〉, 즉 아버지에게서 받는 처벌을 면하지 못한다고 생각하였다. 문제를 오이디푸스 콤플렉스에 돌리기는 쉽다. 그러나 적장과의 동일시에는 그가 의식하지 않았던 면, 즉 남성 모델로서의 아버지의 약함을 반영한다는 다른 면이 있지 않을까? 프로이트가 평생 아버지에게 두렵고 위축된 마음을 품고 있었던 것은 사실이지만 그것을 강조하기에 너무나 성급했다는 느낌이 있다. 현실의 아버지는 프로이트의 소년 시절에 이미 노경에 접어들었고 좌절하여 재기할 가망이 없는 유대 상인이었다. 어머니를 독점한 것은 프로이트 쪽이며 질투는 오히려 아버지 쪽에 있었다. 어릴 적에 이복형 같은 아버지를 갖기가 소원이었던 것도 아버지의 약함을 형이 보강해 주었으면 했기 때문일 것이리라. 대학 시절에는 영국에 있는 형에게 가서 형을 본받아 면화상이 될까 하고 생각한 일도 있었다.

아마 비극의 패장 한니발, 마세나에는 좌절한 아버지의 이미지가 겹쳐진 것 같다. 그것은 패장을 매개로 하는 아버지와의 자기 동일시였다. 즉 아버지가 약하다는 인식이 아버지에게서 채워지지 못한 의존 욕구와 얽혀 아버지에 대한 공포와 더불어 아버지에의 동정, 모멸, 강했으면 하는 소망 등을 낳고 그것이 다시 억압으로 변화했다고 생각된다. 이렇게 사춘기에 아버지에 대한 자기 동일시는 충분히 긍정적인 것이 아니었고 아버지로 대표되는 남성 모델에는 모순과 약함이 있어서 프로이트의 남성 이미지는 반드시 굳건한 것일 수 없었다. 이것이 그를 요절 공포, 바꿔 말하면 어른이 되는 것에 대한 공포로 이끌어갔다. 김나지움 시대에 급우 베른슈타인(Bernstein)과 에스파냐어를 은어(隱語)로 하는 〈둘만의 세계〉를 만든 것도, 16살의 첫사랑이 엇갈려 끝나버린 것도 모두 성숙에의 망설임과 깊은 관계가 있다. 이 두 가지 기억은 프로이트의 마음에 깊게 각인을 남기면서도 억압된 채로 있었다. 동시에 자기의 긍정적인 모델을 구하여 인간에게 깊은 관심을 품고 내면의 자기상의 혼란과 모순의 극복을 구하여 자기의 내면에 강한 관심을 품었다. 성숙에의 망설임과 내면에의 관심은 같은 충동에 의한 것이다.

브뤼케를 만나다

김나지움을 졸업한 프로이트는 17살에 빈 대학 의학부에 입학하였다. 당시 빈의 유대인에게 남은 길은 실업에 종사하든가 법률이나 의학을 공부하는 일이었다.

『당시 나의 관심은 자연에 대한 것보다는 인간에게 향하고 있었다. 나의 처음에는 법률을 공부하여 정치적인 활동을 하고 싶다는 희망을 품었다. 그러나 한편에서는 다윗의 학설이 세계에 대한 이해를 깊게 하는 것으로 나를 매혹하였다. 나를 의학생이 되려고 결심하게 한 것은 졸업 전에 「어머니인 풍부한 자연은 마음에 드는 자식에게는 그 비밀을 탐구하는 것을 허용한다」는 내용의 괴테의 자연에 대한 논문(실은 위작(僞作)의 낭독을 들었기 때문이다』

《자서전(Selbstbiographie)》

당시 프로이트는 「인간적인 것 외의 것에는 홍미도 가질 수 없었다」고 말했으며 그 말의 밑바닥에 자신에 관한 강렬한 관심을 숨기면서도 자연인가 인간(자기에의 직면)인가 하는 양자택일에서 자연을 선택하였다.

　「우리가 사는 세계의 수수께끼의 몇 가지를 푸는 것, 또는 수수께끼의 해명에 관여하고 싶다는 억누르기 어려운 욕망」

을 달성하기 위해 의학을 선택한 것이라고 그는 말했다. 얼핏 보아 과대적인 야망처럼 보이는 이 지향도 실은 자기 내면에 직면하는 시기가 아직껏 도래하지 않았다는 것을 지각한 나머지 택한 도피적인 선택이었으며 소년 시절의 성숙 주저의 연장이라고 생각해도 좋을 것 같다.

　1873년 대학 입학 이래 그는 긴 방황 시대를 보냈다. 졸업까지 실로 8년을 소요했다. 그는 자기의 흉상이 많은 고명한 선배들과 함께 대학 구내에 세워지기를 몽상하였다. 그리고 거기에 새겨지기를 바란 비명은 공교롭게도 그리스의 비극 시인 소포클레스*의 《에디퍼스왕(Oedipus Tyrannus)》의 한 구절 「고명한 수수께끼를 알아맞힌 자로서 더욱 강한 자」였다. 의학 전공에 필요한 과목에는 그다지 홍미를 갖지 않았고 주로 이웃 영역의 학문을 섭렵하고 브렌타노**의 철학이나 논리학의 강의를 듣기도 하였다. 그러나 그의 관심을 가장 세게 끈 것은 동물학이었으며 1876년에는 트리에스테(Trieste)의 동물학 연구소에서 뱀장어의 생식선 구조를 연구하였다.

　오랜 편력 끝에 프로이트는 4학년 때 브뤼케의 생리학 교실

---

* Sophokles, B.C. 495~406?
** Franz Brentano, 1838~1917

에 들어가 겨우 안주의 땅을 발견할 수 있었다. 그는 거기서 학생의 신분이면서도 논문을 발표하였다. 그는 《자서전》에서

> 「대학에서의 처음 3년 동안은 청년다운 정열에 쏠려 학문상의 모색을 거듭했으나 자기 재능이 좁다는 것과 특이성 때문에 성과를 올릴 수 없었다. 그리고 브뤼케 선생의 생리학 교실에 들어갔을 때 드디어 나는 안식과 만족을 찾을 수 있었다」

라고 쓰고 있다. 그가 생애에 갈등 없이 외경을 바친 상대는 이 브뤼케뿐이었다. 의학부의 학생생활을 하는 동안 입학 당시의 과대한 야망은 깨지고 환상적인 것에 몸을 맡기려는 생래(生來)의 욕망은 위험한 것으로서 엄격히 억제되어 그의 마음속 깊숙이 간혔다. 그는 브뤼케의 공간 속에 포섭되어, 브뤼케의 생리학에 의해서 대표되는 객관적이며 확실한 과학의 세계 속에 몸을 두게 되었다. 그는 전문가가 되었고, 자신의 내면에 대해 거리를 두고 이를테면 과학을 도구로 하여 자신의 약함을 지키게 된 것이다. 후년 1890년대에 심장 신경증의 발작이 빈발했을 때 그는 친구 플리스에의 편지에 「여름에는 옛날 연구로 되돌아가서 해부학을 좀 공부하려고 생각합니다. 이것저것 여러 가지를 해 보았으나 만족할 수 있는 것은 이것뿐입니다」라고 썼다.

브뤼케 일파는

> 「의학의 헬름홀츠* 학파라고 불리며 유기체에 작용하고 있는 힘도 물리학적, 화학적 힘 외의 것은 아니며 오늘날에는 아직 이 힘으로 설명하지 못하는 것이 남아 있으나 그것들도 언젠가는 이 힘들의 상호 작용 때문에 설명할 수 있게 될 것이다」

---

* Hermann Ludwig Ferdinand von Helmholtz, 1821~1894

라고 주장하였다. 마이어*가 발견한 에너지 보존의 법칙, 즉 「에너지의 형태는 열, 위치, 운동 등 여러 가지로 변화하지만 그 총량은 일정하다」라는 법칙이 그 기본적 발상이었다. 후년 프로이트의 리비도 이론(Libido Theory)을 아는 사람은 그의 기본적 사상이 얼마나 에너지 보존 법칙과 유사한가에 놀란다. 프로이트의 학설은 그 출발점에 있어서 브뤼케의 사상을 섭취하여 정신의 현상들에 적용한 것임을 알 수 있다.

브뤼케의 밑에서 신경계의 조직학에 관한 연구를 시작한 프로이트는 칠성장어(Entosphenus)의 척추 신경절 세포의 돌기에 관한 연구나 가재의 신경 세포에 관해 연구하였다. 조직학이라는 정밀하고 착실한 학문은 그의 자기 불확실성을 구제하였다. 그리고 연구의 진행과 더불어 근면, 노력가, 열심이라는 그의 장점이 발휘되어 구체적인 업적으로 결실되었다. 1881년 그는 우수한 성적으로 의학부를 졸업하고 생리학 학자로 입신하기 위해 생리학 교실에서 연구에 골몰하기 시작하였다.

신경병 학자 프로이트

1882년 그의 생애의 커다란 전기가 찾아 왔다. 기초 의학자로서의 길을 단념하고 임상의가 될 것을 결의하였다. 《자서전》에

> 「브뤼케 선생은 나의 아버지의 경제적 사정이 좋지 않다는 것을 고려하여 기초 의학자가 되기를 체념하도록 충고하였다. 나는 선생의 조언을 쫓아 생리학 교실을 떠나 종합 병원에 들어갔다」

---

* Julius Robert von Mayer, 1814~1878

고 쓰고 있다. 그러나 그가 결단을 강요받은 최대의 이유는 당시 그가 후에 프로이트 부인이 된 마트라(Martha)에게 구혼한 것이었으며, 그녀와 결혼하기 위해서는 경제적으로 독립할 필요가 있었기 때문이었다. 대학 시절 초기에 사촌과의 결혼을 생각하면서 면화상을 지망하여 맨체스터행을 시도한 적이 있었듯이 그에게는 결혼을 전제로 먼저 경제적 독립을 생각하는 경향이 있었다. 이깃은 소년 시절의 빈궁 체험에 원인이 있겠지만 또 아버지의 상속자가 되어야 비로소 일가의 장이 될 수 있다고 생각했기 때문인 것 같다. 그러나 또 그의 남성적인 면의 취약성도 없지는 않았을 것이다. 그는 야심적인 한편, 몰래 좌절을 바란다는 이면성이 있었다. 오히려 아버지 쪽이 아들에게 학자의 길을 그대로 나가도록 권고하였다. 그러나 프로이트는 그것을 경제적인 뒷받침이 없는 지지라고 물리쳤다. 이미 아버지는 좌절되어 기백을 잃고 보답 되지 않는 소망을 품고 우수한 아들의 장래를 환상하는 노인이 되어 있었다.

임상으로 옮긴 그는 1882년 이래 빈의 종합병원에서 외과의 빌로트*, 내과의 노트나겔**, 정신과의 마이네르트*** 등 당시 일류 학자에 사사하여 임상 의학을 공부하고 끝으로 신경병학의 슐츠(Franz Scholtz) 아래서 14개월간 연수하였다. 그는 신경병학의 임상 경험을 쌓고 증례 보고를 발표하여 신경병 학자의 지위를 굳혀 갔다. 임상적인 일을 하는 한편 뇌 병리 연구실에서 인간의 중추 신경 구조에 대한 조직학적 연구에도 골몰하였다. 그 결과 1885년에 조직학적 및 임상적 업적에 의하여 정신병리

---

* Christian Albert Theodor Billroth, 1829~1894
** Carl Wilhelm Hermann Nothnagel, 1841~1905
*** Theodor H. Meynert, 1833~1892

학사 강사*(Privatdozent)의 자격을 획득하였다. 그러나 당시의 빈의 학계에서는 신경병학은 미개척의 영역이었으며 학계 중심은 샤르코**가 있는 파리였다.

프로이트는 샤르코 문하생으로 유학하여 신경병학의 학식을 쌓아 빈의 동업자들을 제압하려고 꾀하였다. 그는 브뤼케의 추천으로 장학금을 얻어 그해 가을 희망에 불타 파리로 출발하였다.

그런데 프로이트가 신경병학과 친근하게 된 것은 우연 이상의 것이 있는 것 같다. 신경병학은 임상 의학 중에서도 특히 정연하게 질서가 세워진 진단학이며 이런 의미에서는 조직학과 비슷하며 그 진단 과정은 일종의 수수께끼 풀기에 가까운 점이 있다. 정연한 질서를 갖는 신경병학이 프로이트의 자기 불확실한 측면을 보강했다는 것은 의심할 바 없다. 또 수수께끼 풀기적인 이 학문의 성격은 지적 호기심과 지적 우월감을 만족시켰을 것이다. 본래부터 그에게 있어서의 최대의 수수께끼는 인간이며 자신이었다. 신경학적인 수수께끼에의 기호는 그가 본래부터 가지고 있던 문제에의 회피와 접근의 이중성을 띠고 있었다고 해야겠다.

샤르코 밑에서 프로이트가 가장 강한 인상을 받은 것은 히스테리(Hysteria)에 관한 연구였다. 히스테리 현상의 실재성과 합법칙성, 남성 히스테리의 존재가 증명되어*** 최면에 의한 인위

* 박사 학위를 받은 뒤 교수 자격 논문(Habilitation)에 통과한 사람, 조교수 또는 부교수에 해당한다.
** Jean-Martin Charcot, 1825~1893
*** 일찍이 그리스의 의사 히포크라테스(Hippokrates, B.C. 460~377)는 히스테리가 여자의 자궁(Hysteron)이 몸 안에서 왔다 갔다 해서 생긴다고 보고 성장한 여자가 이 병에 걸렸을 경우 결혼을 시키면 해결된다고 하였다.

적인 히스테리가 자연 발생적인 그것과 같은 성질의 것이라는 것이 제시되어 있었다.

샤르코는 성깔이 있고 자신에 넘친, 사람을 사람으로 여기지 않는 학자였으며 나폴레옹의 포즈를 흉내 낸 사진을 찍기도 하였다. 프로이트는 이러한 자기 확실성을 갖춘 엄격한 장년의 남성에게 깊은 존경심을 품고 그 속에 신경병 학자의 모델, 환상 상의 아버지의 이미지를 발견하였다. 그의 장남 마르틴(Martin)은 샤르코의 이름을 따서 붙인 것이다.

프로이트는 샤르코의 히스테리 이론을 들고 빈 학계에 데뷔하려는 야망을 품고 1886년 4월에 귀국하였다. 그러나 〈남성 히스테리〉라는 제목의 그의 귀국 보고는 환영을 받지 못했다. 그는 남성 히스테리의 증상 예를 실제로 제시하였지만, 대가들의 태도는 그의 주장을 거절하는 것 같다고 느꼈다. 이런 학계의 냉정한 반향이 그에게 굴욕적이고 비참한 체험이었을 것은 상상하기 어렵지 않으나 그의 반응은 약간 과장된 피해자 의식에서 나온 것이라고도 보인다. 일단 권위들이 받아들이지 않는다고 알자 그는 심한 원망에 잡혀 권위에 대한 반역아가 되어 학계로부터 고립된 상태에서 히스테리 연구에 전념하였는데 이것은 프로이트가 두고두고 반복하는 행동의 패턴, 즉 학문적으로도 세속적으로도 야심가이며, 권위에 의한 승인과 기성체제에의 가입을 열망하면서도 권위에 대한 적의를 환기하는 것 같은 도전적인 태도로 나온다는 행동 패턴을 볼 수 있다. 그 결과 굴욕감을 맛보게 되고 야심의 포기를 강요당해 자신을 피해자라고 인정하게 되는데 이것은 어딘지 스스로 청해서 그렇게 하는 느낌이 없지도 않다.

약혼, 결혼

프로이트 부인이 된 마르타도 유대인이었고 프로이트보다 다섯 살 아래였다. 그녀의 백부는 당시 고명한 그리스 고전 학자였다. 1882년 4월 25살의 프로이트는 마르타와 만나 한눈에 그녀를 자기의 반려라고 확신하여 6월에는 구혼하여 약혼하였다. 그 후 결혼까지 4년 3개월의 약혼 기간에 프로이트는 그녀에게 실로 900통 이상의 편지를 썼다. 그는 정열적이었고 극도로 질투심이 강한 약혼자였다. 그들은 매일 편지를 쓸 약속을 했지만 2, 3일 편지가 끊기는 일이 있으면 프로이트는 견디기 어려운 고통을 느꼈다. 그의 질투는 다른 청년에 향할 뿐만 아니라 마르타의 가족에 대한 애정에도 쏠렸다. 약혼 시절은 행복한 시기가 아니었고 격렬한 사랑과 질투의 반복이었으며 소년 시절의 위기에 이어지는 제2의 위기였다. 그는 여러 가지 신경증적 증상에 몹시 시달렸다.

1885년 샤르코에게 가기에 앞서 그는 그때까지 써 모았던 모든 원고를 불살라 버렸다. 그는 후에도 만년에 이르기까지 주기적으로 진료 기록을 소각했는데 모두가 과거와 하나의 금을 그으려는 의식적 행위였을 것이다. 파리 유학 자체도 일종의 도피라고 볼 수 있다. 빈번한 편지의 교환에 반하여 약혼 중 두 사람이 실제로 만나는 일은 별로 없었다. 프로이트는 남성으로서의 자신 결핍으로 무의식적으로 결혼을 망설이고 있었던 것은 아닐까? 샤르코 밑에서 그는 환자가 치료자 샤르코에게 보이는 것과 비슷한 감정을, 자신이 샤르코에게 느끼고 있다는 것을 얼마간 자각했다. 샤르코에의 부친 전이가 위기를 극복하는 하나의 계기가 되었다는 것은 위기가 부친을 둘러싼 갈등과 관련되어 있다는 것을 가리키고 있다.

애초 프로이트가 처음 마르타를 만났을 때 그녀는 이미 연장의 실업가와 약혼하고 있었다. 이 관계는 프로이트와 부모와의 관계와 얼마쯤 닮은 데가 있다. 아버지에게서 어머니를 빼앗는 것과 비슷한 환상이 작용하여 황급하게 구혼한 것이 아닐까?

약혼 후에도 그는 여전히 김나지움 시대의 성숙 주저를 벗어나지 못한 것 같다. 프로이트의 약혼과 전후하여 친구 셴베르트(Ignaz Schönberg)가 마르타의 여동생 미나(Minna Bernays)와 약혼했는데 두 쌍의 약혼자들은 오붓하게 둘 이서만이 아니고 넷이서, 때로는 마르타의 오빠나 프로이트의 첫사랑의 연인 기셀라(Gissela Fluss)의 형제와 함께 하이킹이나 카드놀이를 즐겼다. 더구나 프로이트는 여성보다도 오히려 남자 친구와 얘기하기를 좋아했다고 한다. 그리고 프로이트, 셴베르크, 마르타, 미나는 공동의 약혼 기간 중 장래 〈행복한 4인조〉가 될 것을 몽상하였다. 이 〈네 사람의 약혼〉은 단독으로 이성과 만나는 용기의 결여를 나타내는 것으로 프로이트에게는 아마 셴베르크와의 우정의 영원화가 약혼 이상의 가치를 가졌던 것 같다. 셴베르크가 1886년에 결핵으로 죽은 뒤 미나는 프로이트 집에 1896년부터 42년간이나 같이 살며 미나 아주머니로서 친하게 지냈다. 미나와 프로이트의 애인 관계는 부정되고 있으며 이 오랜 〈3인조〉 생활은 하나의 수수께끼로 되어 있지만 그것이 실은 〈4인조〉였으며 죽은 셴베르크의 그림자가 언제나 감득되고 있었다고 하면 이 이상한 관계도 이해가 간다.

1886년 가을 프로이트는 드디어 결혼식을 올렸다. 마르타는 헌신적인 아내였고 여섯 자녀의 어머니가 되었다. 프로이트가

죽은 뒤 마르타는 빈스방거에게

「지금 나에게 그나마도 위안이 되는 것은 53년간의 부부생활을 통해 단 한 번의 말다툼도 없었고 그에게는 생활의 고생을 시키지 않으려고 애써 온 것뿐입니다」

라고 편지에 쓰고 있다. 그의 결혼 생활은 담백하였다. 그는 아내에게 무조건 그를 보호하며 그가 의존할 수 있는 모성을 구하였다. 그는 일생 일부일처(一夫一妻)를 지켰지만 결혼 생활은 성적으로는 풍족하지 못했고 40살께는 벌써 그는 성적 고갈 감을 느꼈으며 이 무렵에는 현실적인 성생활은 끝났던 것 같다. 이것은 그가 브로이어*, 플리스, 융** 등의 남성에 대해서 동성애적이라고도 할 수 있는 격한 감정을 보인 것과 좋은 대조를 이룬다. 그러나 프로이트는 지적이며 남성적인 타입의 여성에게는 성을 초월한 우정을 가졌다. 니체나 릴케***의 애인이었던 루 안드레아스 살로메(Roux Andreas-Salomé), 그리스와 덴마크(Denmark)의 왕녀 마리 보나파르트(Marie Bonaparte) 공작부인과의 교우 관계가 그것이다. 둘 다 군인 귀족의 딸로서 특히 마리는 나폴레옹의 피를 잇는 사람이었다. 언니 마르타와 달라서 이런 타입의 여성이었던 미나와 함께 그는 자주 이탈리아 여행 등을 갔었다. 프로이트의 여성 관계는 남성과의 우정 관계의 연장이라는 느낌이 든다.

---

* Joseph Breuer, 1842~1925
** Carl Gustav Jung, 1875~1961
*** Rainer Maria Rilke, 1875~1926

《히스테리 연구》

유학 후 프로이트는 결국 빈 대학으로 되돌아올 수 없었다. 호의를 보여 주었던 카소비츠(Max Kassowitz)가 주재하는 소아 병 연구소의 신경과정으로서 근무하는 한편 그는 개업하여 일 반 환자의 진료에 임하고 신경증 특히 히스테리 환자의 치료를 시도하였다. 히스테리를 포함하는 신경증은 당시 이름이 가리 키는 내로 소아마비와 같은 신경병이라고 생각되고 있었다. 당 시의 이런 통념이 없었다면 신경병학자 프로이트에게서 정신 분 석학이 태어나지 못했을 것이다. 그즈음 그는 샤르코의 《신경병 학 강의(Leçons sur les Maladies du Système Nerveux)》를 번역 하고 실어증(Sphasia)이나 소아마비에 관한 뛰어난 저술을 발표 하였다. 실어증에 대해 그는 당시 주류를 이루고 있던 해부학적 인 국재설(局在說)에 반대하여 뇌의 기능적 분화를 중시하는 주장 을 내세웠다. 그러나 그의 관심은 차츰 히스테리 연구로 집약되 었다. 당시 히스테리는 신경학상의 큰 문제였다. 그는 유행하던 전기 요법을 시도해 보았지만 효과가 없다는 것을 알고 최면 요 법을 쓰기 시작하였다. 베르넴*의 《암시와 그 치료 작용》을 번 역한 것도 이 무렵이다. 1889년에는 최면 요법의 기법을 완성하 기 위해 낭시(Nancy)로 가서 베르넴과 리에보**의 가르침을 받 았다.

이러한 치료 중시의 자세는 강단적이고 진단을 중시하는 당시 의 빈 의학계에서는 이색적인 것이었으며, 빈에서는 치료술을 전 공하는 자는 멸시받는 경향마저 있었다. 또 유학 전후(1884~

---

* Hippolyte Bernheim, 1837~1919
** Ambroise-Auguste Liébeault, 1823~1904

1887) 프로이트는 코카인의 표면 마취 작용을 발견하였는데 좀 경솔하게 친구나 약혼자에게 코카인의 음용을 권유하여 친구 한 사람을 중독에서 죽음으로 이르게 하였다. 프로이트가 이 친구로부터 돈을 빌린 일도 있어서 빈 의학계에서 큰 스캔들이 되었다. 나중에 〈정신분석〉을 발표했을 때도 의학계에는 이 기억이 남아 있어서 프로이트에 대한 저항이 강하게 나타났다. 두 가지 일이 모두 프로이트의 고립을 깊게 하였다.

이러한 고립된 상황에서 그의 최면 요법의 유력한 지지자로서 14살 위인 빈 대학의 사사 강사인 조제프 브로이어가 나타나 프로이트에게 용기를 북돋웠다. 프로이트가 브뤼케의 교실에서 처음 브로이어와 만난 것은 1870년 학생 시절이었으며 당시 브로이어는 개업의로서 일하는 한편 연구에 종사하고 있었다. 브로이어는 이미 1880~1882년에 걸쳐 안나(O. Anna)라는 가명으로 불린 다채로운 히스테리 증상을 보이는 21살의 여성을 정화법(淨化法, Katharsis)이라 불리는 방법으로 치료하여 증상을 고친 일이 있었다. 이것은 최면 법에 따라 외상적체험(外傷的體驗)을 상기시키고 그때까지 울적했던 감정을 방출시킴으로써 히스테리를 치료하는 방법이었다. 이 방법을 프로이트는 파리 유학 전에 들었으나 1889년께에 이르러서야 그는 브로이어와 공동 연구를 진행해 그 성과를 1898년 역사적인《히스테리 연구(Sudien über Hysterie)》로 출판하였다. 그러나 그 무렵에는 벌써 심적 외상의 병인 론을 둘러싸고 두 사람 사이에 의견이 대립이 일어났다. 브로이어는 심적 외상은 유최면상태(類催眠狀態)와 같은 이상한 정신 상태에서 일어나기 때문이라고 생각한 데 반하여 프로이트는 심적 외상이 항상 성적(性的)

인 성질을 띠고 있다는 것에 주목하고 있었다. 이러한 히스테리, 나아가서는 신경증 전반의 병인으로서 성적 체험을 중시하는 대담한 프로이트의 이론에 브로이어는 의구를 갖고 점차 공동 연구로부터 떨어져 프로이트와 브로이어의 교우 관계도 파국에 가까워져 갔다.

그러나 존즈도 지적했듯이 두 사람 우정의 파국은 이론적 차이만으로 설명하지 못한다. 브로이어에 대한 사람에서 혐오로의 급격한 감정의 변화는 프로이트의 남성, 특히 공동 연구의 상대와의 인간관계에서 공통된 특유한 패턴이다. 이것은 프로이트의 독립과 의존을 둘러싼 신경증적 갈등과 깊은 관계가 있으며 앞에서 말한 프로이트의 남성으로서의 자기상에 내재하는 약함에 기인하는 것일 것이다. 이런 종류의 감정 관계는 다음에 말하는 플리스와의 경우에 정점에 달하고 자신의 병리에 대해서 어느 정도의 통찰을 얻었지만 문제를 극복하지는 못했다. 사실 그 후도 역시 제자인 융, 아들러*, 랑크**, 페렌치***과의 관계를 둘러싸고 같은 패턴이 되풀이되어 모두가 학설의 대립에서부터 인간관계의 결렬에 이르고 만다. 프롬은

『프로이트가 어머니의 이미지에 대해 품고 있었던 자존심은 아내와 어머니에게 한정되지 않고 브로이어 같은 연장자, 플리스 같은 동료, 융 같은 제자에게도 갖고 있었다. 동시에 그는 자기 독립에 격한 긍지를 갖고 있어서 피보호자라는 것에 강한 혐오를 품고 있었다. 이 긍지 때문에 의존 의식은 억압되고 친구가 의존 대상자의 역할을 완전히 못 하게 되면 우인 관계를 끊음으로써 그것을 전혀 인정하지 않으려 하였다. 그 때문에 강한 우

---

* Alfred Adler, 1870~1937
** Otto Rank, 1884~1939
*** Sandor Ferenczi, 1873~1933

정에 이어 완전한 단절이 생겨 그것은 항상 미움에까지 고조되었다」

라고 해석하였는데 아내와 어머니에 대한 의존 욕구는 현실적
으로는 갈등을 일으키지 않는 데 반하여 동성의 친구 중에서도
특히 공동 연구의 대상에 대해 심한 갈등을 일으켰다는 것은
그가 이러한 상대에 의해서 자신의 남성적 태도의 약점을 보강
하려고 했던 것을 암시하는 것이 아닐까?

「나의 어떤 특이한(아마도 여성적인) 일면의 요구하는 친구와의 교제는
아무도 빼앗을 수 없습니다」

(1900년 5월 8일 플리스에의 편지)

라고 그는 편지에 쓰고 있다. 약혼자에게 쓴 편지에 능동적인
독점욕을 보였다고 하면 플리스에의 편지에는 끊임없이 상대방
의 뜻에 영합하면서도 학설에 의하여 상대를 지배하려고 하는
수동적이며 우회적인 독점욕을 볼 수 있다.

이러한 프로이트의 태도에 대응하는 상대는 대뜸 아들러와
같은 초 남성적, 공격적 인물이거나 플리스나 융처럼 약간 파
라노이아적(Paranoic)인 자기 확실성을 가진 인물이기 쉬웠다.
프로이트 자신이 한 살 위인 강한 조카 요한과 자기와의 대립
과 의존의 갈등 관계를 이 기묘한 우정의 원형이라고 말하고
있는 것은 충분한 이유가 있다고 생각된다. 동시에 모델로서의
아버지의 이미지가 충분히 긍정적이 아니었던 것이 프로이트를
약간 편협한 인물을 편애하게 했을 것이다. 아마 현실의 아버
지에 대해 그러했듯이 프로이트는 처음에는 그들에게 많은 것
을 기대하지만 점차 그것이 실망으로 변화하고 이 실망을 스스
로 용인하려 하지 않으려고 내적 갈등을 일으키고, 상대에 대

한 공격, 결렬이라는 코스를 밟았던 것은 아닐까?

빈스방거처럼 안정된 상대의 경우에는 학설의 대립이 인간적 파국과 결부되지 않았다. 빈스방거에게 보낸 프로이트의 편지에는 자주 빈스방거와의 분리에 대한 불안이나 도발적인 비하가 적혀 있다. 프로이트는 아카데믹한 빈스방거가 상류 계급 사람이 하류 계급 사람에게 대하듯이 은혜적인 우정을 보내고 있는 것이 아닌가 하는 의혹을 품고 있었다. 그러나 빈스방서는 「될 수 있는 대로 감정적으로 되지 않고 자신의 뜻을 변호」함으로써 수십 년의 우정을 유지했다. 프로이트에게 상처를 준 것은 실은 이론적 대립은 아니었다.

정신 분석의 기원

1890~1900년에 이르는 약 10년간은 프로이트가 정신분석학을 창립하려고 고심을 거듭한 시기였다. 즉 먼저 그는 최면법을 쓰는 〈정화법〉의 치료 효과에 한계를 느끼고 1895년경에는 최면 법을 버렸다. 첫째 이유는 최면 법에 따르는 여성으로부터의 감정 전이가 그를 뒷걸음치게 했기 때문이다. 여성으로부터의 격렬한 요구는 그가 좋아하는 바 아니었다. 그는 강제적으로 과거의 체험을 상기시키는 〈집중법(集中法)〉을 거쳐 정신분석의 기본적 방법인 자유연상(自由聯想, Free Association)에 도달하였다. 그는 환자를 뉘어놓고 자신은 머리맡에 앉지만, 환자와의 대면을 피하고 환자의 뇌리에 떠오르는 생각을 환자 스스로 말하게 하였다. 한편 그는 이미 브로이어와의 공동 연구시대에 최면술의 치료 효과가 환자의 의사에 대한 감정 관계에

의존되는 것을 관찰하고 있었는데, 이 현상은 환자가 과거의
대인 관계, 특히 부모와의 관계를 치료자에게 투사하는 감정
전이라는 현상인 것을 깨닫고 이 감정 관계를 축으로 하여 치
료를 진행하는 정신 분석 요법의 근본적인 기법을 수립하였다.
또 그는 처음 히스테리의 원인을 환자의 고백을 그대로 믿고
어릴 적의 근친상간적인 성적 외상에 근원 하는 것이라고 확신
하고 있었으나, 환자가 그 체험을 즐거운 듯이 얘기하는 것, 또
현실의 체험보다도 환자의 공상에 의한 것이 많다는 것을 깨닫
고 외상설(外傷說)에 변경을 가해 소위 에디퍼스 콤플렉스라고
불리는 유아성욕 이론(幼兒性慾理論)을 발견하였다. 이것이 후년
의 리비도 발달 이론의 전개로 유도되었다.

　그러나 프로이트가 정신 분석 학자로서 자신을 확립한 이 10
년간은 그의 생애에 있어서 최대의 위기였다. 그는 신경증이라는
〈스핑크스의 비밀〉을 해명하려고 노력을 거듭하던 중에 자신의
신경증에 부딪혔다. 그는 자기 분석이라는 어렵고 고통에 찬 시
련을 극복하고 자기 속에 있는 신경증의 수수께끼를 푸는 열쇠를
발견하고 자기 통찰의 결과를 《꿈의 해석》(1900), 《일상생활의 정
신 병리》(1901), 《성에 관한 세 가지 시론(Drei Abhandlungen
zur Sexualtheorie)》(1905), 《위트와 무의식의 관계(Der Witz und
Seine Beziehungen)》(1905) 등의 천재적 창조활동으로 결실시켜
정신 분석의 기초적 이론을 완성하였다.

　이 시기에 프로이트의 자기 분석의 매개자, 프로이트의 신경
증의 치료자의 역할을 한 것이 플리스라는 이비인후과 의사였
다. 플리스는 프로이트보다 두 살 아래의 유대인으로 베를린
(Berlin)에서 개업하고 있었다. 해박한 지식을 가졌으며 사변적,

독단적인 경향이 세고 자신에 가득 찬 남성적인 인물이었다. 그는 코 반사 신경증이라는 증후군에 대해서 발표하여 인간의 양성성(兩性性), 즉 남성 속에 여성성이, 여성 속에 남성성이 잠재한다는 개념을 처음으로 제창하였다. 또 월경 주기인 28이라는 숫자를 써서 모든 생물학적 현상, 나아가서는 자연 현상 일반을 설명하는 신비적, 망상적인 학설을 주장하고 있었다.

프로이드가 빈에서 플리스와 만난 것은 1887년이었다. 당시 프로이트는 코카인을 둘러싼 문제로 괴로워하고 있었으며, 플리스가 코카인 마취를 사용하는 여러 가지 비점막질환의 치료법을 고안했었다는 것도 플리스를 지지자로 알게 된 큰 요인이었을 것이다. 브로이어와의 관계가 파국에 가까워짐에 따라 플리스와의 관계는 친밀도를 더하여 1893~1902년에 규칙적으로 편지를 교환하게 되었다. 이것이 유명한 《플리스에의 편지》이다.

생전 프로이트는 이 편지를 없애기를 바랐다. 왜냐하면 이 편지가 프로이트의 정신상 가장 위기 시기의 가장 깊숙한 내부의 비밀에 속하는 것이었기 때문이다. 그는 편지 속에서 자기 분석이나 증례에 관한 새로운 발견이나 착상, 희망과 슬픔을 털어놓고 자기에게 관심을 가지고 지지를 보내줄 말 상대기를 플리스에게 일방적으로 기대하였다. 또 두 사람은 〈회의〉라고 불러 자주 장소를 정해서 만났으며 의견을 교환하였다. 「허기짐과 목마름에 만족을 주는 것」으로서 그는 이 〈회의〉를 고대하고 회의 후에는 새로운 힘이 솟아나지만 잠시 지나면 실의의 밑바닥으로 빠져 다시 〈회의〉를 고대하였다고 한다. 프로이트는 플리스를 자기가 바라는 모든 자질을 겸비한 구세주 같은 인물로서 이상하리만큼 경도하였다. 플리스에 대해서 극단적인

프로이트(Freud, 왼쪽)와 플리스(Fliess, 오른쪽)

의존 감정을 쏟고 자기를 수용하고 지지하며 칭찬을 보내 주기를 바랐다.

　프로이트는 약혼 시절부터 상당히 강한 신경증 증상이나 정신신체 증상에 시달리고 있었다. 즉 동계(動悸), 부정맥의 발작, 죽음의 불안 발작, 철도 여행의 공포, 손의 운동 마비, 고조에서 침울로의 격심한 기분 동요, 의식의 협착 상태, 빈번하게 일어나는 장 증상, 편두통, 코 카다르 등이었다. 그는 처음에는 이것은 신체적인 것으로 생각했으나 브로이어와 히스테리 연구를 하는 동안에 자기의 병이 신경증 증상, 특히 히스테리적인 증상이라는 것을 자각하게 되어 이러한 증세들을 플리스에게 호소하였다. 플리스는 프로이트는 코 수술을 받기도 하고 일생 한시도 손에서 떼지 않았던 시가를 14개월이나 끊기도 하였다. 그러나 신경증 증세는 집요하게 지속되어 아버지의 사망 전후에는 가장 악화하였다. 일찍이 요절을 두려워했듯이 그는 지금 자기가 죽을병에 걸려 있으며 플리스가 그것을 자기에게 알리지 않고 숨기고 있는 것이 아닌지 의심하기도 하였다.

플리스와의 관계는 처음은 경상(鏡像)의 관계였다. 환경이나 나이가 비슷한 두 사람은 말하자면 〈거울〉에 자기를 비추듯이 자기 생각을 상대에게 전하고 그것에 대해 과대한 찬사를 기대하였다. 이러한 관계는 둘 다 내면의 자기불확실성을 추정하게 한다. 그러나 양자의 관계는 점차 변화하였다. 첫째는 프로이트가 아버지의 발병과 죽음을 둘러싸고 격심한 정신적 위기에 빠졌기 때문이었고, 둘째는 신경증 환자를 아내로 맞이한 것으로도 시사되듯이 플리스는 자신이 치료자 쪽에 있음으로써 자기 내면의 문제를 억압하려고 하는 타입의 사람이었기 때문에 플리스가 치료자가 되고 프로이트가 환자의 입장이 되었다.

1893년 샤르코가 죽었다. 프로이트는 샤르코의 강의 집을 번역하였고(1894), 1895년에는 샤르코의 신경학을 심리학에 응용하여 그것을 보완해서 하나의 체계수립을 시도하려 하였다. 그러나 이 체계화의 시도는 갑자기 포기되었다. 말하자면 프로이트는 샤르코를 상속하려고 시도하다 실패한 것이다. 1892년 시작된 프로이트와 브로이어의 공동 연구는 1895년에 공저

《히스테리 연구》로 결실하였는데 그 무렵 프로이트는 브로이어에 대해서 심한 분노를 폭발시켜 두 사람은 결렬되었다. 샤르코와 브로이어—이 두 사람의 〈아버지〉와의 관계의 위기는 현실적인 아버지의 죽음의 전조가 되었다. 바로 그의 암의 〈아버지〉가 문제가 되었을 때인 1896년 봄 아버지는 중풍으로 쓰러져 10월에 사망하였다. 이 동안 플리스에게의 편지도 두절되어 있다.

「모든 것은 전적으로 나의 위기 시기에 일어났습니다」

그는 아버지의 죽음을 그대로 순순히 슬퍼할 수 없었다. 그는 아버지의 장례에 늦게 가서 근친의 비난을 받았다. 그날 밤 그는 장례에 늦은 원인이 된 이발소 앞에 그의 슬픔이 부족한 것을 탓하는 글이 게시되어 있는 광경이 나오는 꿈을 꾸었다. 이 무렵까지에는 자신의 이론 기술이나 자신이 진찰한 환자의 보고가 주였던 플리스에게의 편지는 이후 갑자기 자기 분석으로 기울어져 갔다.

프로이트 자신의 꿈을 상세히 분석해서 플리스에게 적어 보냈다. 환자의 진찰 중에도 그는 때때로 의식 협착이라고 할 수 있는 베일이 처진 의식이 박명 상태(薄明狀態)에 엄습되어 환자 일을 생각하는 것인지 자기 일을 생각하고 있는 것인지 모르는 상태가 되었다. 이런 상태가 자주 일어나 의식의 틀이 해체되어 그는 자유로이 둥둥 떠오는 연상의 흐름 속으로 빠져 그 속에서 상실되었던 과거의 기억이 차례차례로 되살아났다.

1897년에 시도했던 로마 여행은 앞에서도 말했듯이 안으로부터의 제지의 목소리 때문에 좌절되었지만, 이해 10월 아버지에게 향했던 무의식의 적의를 깨닫고 그 근원을 탐구하여 그는 드디어 에디퍼스 콤플렉스를 발견하기에 이르렀다. 이것은 자신의 격렬한 저항을 억제하고 이루어진 발견이었다. 그는 자기의 저항이 깨드려 졌다는 패배감과 발견의 승리감을 동시에 맛보았다. 그것은 자기 발견의 승리감이기도 하였다. 그는 얼마간 과거의 구속을 끊고 어느 정도 자신의 신경증에서 풀려나 자유가 되어 1901년에는 로마로 갈 수 있었다. 이러한 자기 분석의 진행 과정에서 그는 플리스에 대한 경도 속에 아버지의 대리를 구하는 이를테면 부친 전이라는 감정이 작용하고 있고 동시에 아버지에 대하는 것과 마찬가지 숨겨진 적의가 있다는 것을 느꼈다. 1900년에는 플리스에의 강한 의존 감정마저 자각하게 되어 이 의존 감정을 극복하고 자기의 십자가는 자기가 져야 한다고 결의하였다. 이렇게 해서 플리스에 의한 프로이트의 치료는 종결되고 두 사람의 격렬한 우정의 드라마는 막을 내렸다.

프로이트와 플리스의 관계는 복잡한 전이 관계이다. 그것은 프로이트를 여성 측으로, 동성애적 의존 관계에서 시작되었다. 이 동성애는 아버지에 의한 거세를 두려워하는 나머지 자신의 남성성을 부인하는 것이었다. 그러나 샤르코의 죽음, 브로이어와의 결렬, 그리고 현실적인 아버지의 죽음 등을 계기로 하여 플리스는 직접적인 부친 전이의 대상이 되었다. 처음에는 에디퍼스적인 음성의(적대적인) 전이였으나 차츰 양성의 의존 감정으로 옮아간 것이 아닐까? 프로이트는 먼저 어머니를 둘러싼 아버지와의 갈등을 자각하고 그것을 에디퍼스 콤플렉스라고 명명했던 것인데, 동시에 자기가 일찍이 샤르코에게서 느끼는 환자들의 감정과 같았다는 것을 여기서 새삼 상기시킨다. 그것은

전 에디퍼스적인 아버지에의 양성의 의존 감정마저 포함하고
있다고 보는 것이 타당할 것이다.

1889~1900년에 이르는 위기를 극복한 그는 그다지 자신에
관해서 말하지 않게 되었다. 그것을 불만으로 여긴 제자 페렌
치에게 그는

> 「내가 자신의 인격을 송두리째 털어놓는 것은 …… 플리스의 사건 이래
> 필요가 없어진 것입니다. 나는 파라노이아 환자가 좌절하는 데서 성공한 셈
> 입니다」

(1910년 10월 16일, 페렌치에의 편지)

라고 쓰고 있다. 「어느 파라노이아 환자의 자서전에 대한 분석
적 연구」라는 제목의 슈레버(Daniel Paul Schreber)라는 파라노
이아(Paranoia, 망상병)에 걸린 재판관의 자서전의 자세한 분석
은 바로 이 편지를 쓴 이듬해 발표되었다. 그 속에서 부친에
대한 갈등과 동성애의 거부로부터 망상이 발전되는 것을 논하
고 있으며 아마도 프로이트는 있었을는지도 모를 자신의 난파
한 모습을 슈레버 속에서 본 것은 아닐까?

프로이트의 위기가 무엇을 계기로 해서 초래되었는지 종래에
는 그다지 논의되지 않은 것 같다. 그것이 아버지의 문제가 주
제가 되고 있는 것은 분명하지만 현실에서의 아버지의 죽음이
원인은 아니다. 브로이어나 플리스와의 교섭, 샤르코의 죽음도
깊은 뜻에서의 계기라고 말하기 어렵다. 아마 이 심리적 위기
는 무엇보다도 프로이트 자신이 아버지가 되었다는 것과 관계
가 있는 것은 아닐까? 장남 마르틴은 1889년, 차남 올리버
(Oliver)가 1891년, 삼남 에른스트(Ernst)가 1895년에 태어났고
위기가 최고조에 달하는 1897년까지에는 아이들은 모두 아버

지와 에디퍼스적 갈등을 일으킬 나이에 달하고 있었다. 자기의
남성 이미지가 충분히 긍정적인 것이 아니며 아버지에 대해서
양의적(兩義的)인 감정을 줄곧 가져온 프로이트는 아버지가 될
심리적 준비가 충분히 성숙되어 있지 않았다고 생각된다. 이
아버지가 된다는 공포는 후년까지 꼬리를 끌었다. 1908년 다
섯 살 난 한스(Hans) 소년의 분석에서는 직접 자신이 분석하지
않고 그의 부친을 지도하여 아들을 분석시켰다. 이것은 극히
변칙적인 분석 상황이다. 더구나 이것이 프로이트의 유일한 소
년 증상례인데 그는 이 소년이 일으킬 것으로 생각되는 부친
전이를 직접 자기가 떠받게 될 것을 망설였던 것이 아닐까?

프로이트와 플리스의 관계는 결과적으로는 바로 정신분석 요
법의 치료 과정이서서 여기에 정신 분석의 기원을 찾아볼 수
있다. 즉 프로이트는 플리스라는 치료자에 의해서 전이 관계를
통해 자기 연상에 의한 자기 분석을 하여 자기 통찰을 깊게 하
고 자기의 신경증에서부터 탈출하여 그 자기 치료 경험을 모델
로 하여 그 후의 환자의 치료를 진행해 나간 것이다. 그러나
완전한 정신 분석은 존재하지 않는다고 말하고 있듯이 그의 자
기 분석은 물론 완전한 것은 아니었다.

「진정한 자기 분석은 불가능하며 그것이 가능하다면 병에 걸릴 사람은 없다」

그는 환자를 분석하여 의문이 생기면 환자의 문제를 자기 문제
로써 자기 분석을 시도하여 이를테면 환자의 치료를 매개로 하
여 일생 부단한 자기 분석을 하였다.

그의 저작은 모두 자기 고백의 책이라고 말할 수 있다. 위기
속에서 쓴 《꿈의 해석》은 위기의 시기에서 프로이트 자신의 꿈
이 중심이 되어 있고, 이어 《일상생활의 정신 병리》도 자신의

체험에 바탕을 둔 데가 매우 많다. 봄베이(Bombay) 유적에서의
첫사랑의 소녀와의 몽상적 재회를 주제로 한 소설의 분석 「W.
옌젠*의 소설 《그라디바》에서 볼 수 있는 망상과 꿈」은 그의 사
춘기의 위기와 관련되어 있다. 앞에서 말한 〈슈레버 증례〉는
1889년 이래의 위기와 관계가 있다고 해도 좋을 것 같다.

만년

이 무렵부터 프로이트의 주위에는 소수이지만 제자가 모여들
어 1902년부터 아들러, 슈테켈**을 중심으로 한 심리학 수요회
가 탄생하였다. 이것이 나중에 빈 정신분석학협회로 발전하여
랑크, 페렌치, 작스(Hans Sachs), 아브라함*** 등이 참가하였다.
특히 1906년 스위스의 고명한 정신과 의사 블로일러****가 제자
융과 더불어 프로이트의 연구에 관심을 쏟은 것은 그에게 있어
서는 큰 기쁨이었다. 그는 정신 분석학 협회를 자기의 라이히
(Reich, 제국)라고 부르고 그 발전에 마음을 쏟았다. 활발하고
상상력이 풍부한 융의 인품에 끌린 프로이트는 융을 자기의 후
계자, 정신 분석 운동의 주도자로 여겼다. 1909년에는 잘츠부
르크(Salzburg)에서 최초의 국제정신 분석 학회가 열려 정신 분
석의 영향은 차츰 전 세계로 파급되어 갔다. 그러나 정신 분석
운동은 내부로부터 분열의 징조가 나타나 1911년에는 아들러
가 분파를 만들었고, 1913년경에는 융의 이반(離反)이 결정적으

---

* Wilhelm Jensen, 1837~1911
** Wilhelm Stekel, 1868~1940
*** Karl Abraham, 1877~1925
**** Eugen Bleuler, 1857~1939

로 되었다.

사랑하는 제자 아들러, 융의 이반과 성 이론을 중시하는 프로이트의 학설의 본질에 대한 그들의 비판이라는 위기적 상황에 놓인 프로이트는 이 위기를 극복하려고 정신 분석이론의 수정 발전을 기도하였다. 초기의 이론에 있어서는 심적 장치는 무의식·의식으로 구성되어 있었으나 이것에 자아의 개념을 도입하여 에스(Es, Id라고도 한다), 자아, 초자아로 구성되는 심적 체계를 거쳐 자아 심리학을 확립하였다. 다시 종래의 성 본능을 삶의 본능 속에 포괄하고 이에 대립하는 자기 파괴 충동으로서 죽음의 본능을 상정하였다(1925~1930). 정신 분석학의 체계를 완성한 이후의 프로이트는 「약한 자아에 있어서 필요했던 억제를 제거하는 것은 강고한 자아에 있어서는 벌써 위험한 것은 아니다」라고 생각하였다. 그는 드디어 자신의 문제를 초극했다고 느꼈다. 브뤼케의 교실에 들어가서부터 그의 속 깊이 숨겨져 있었던 환상적, 사변적 경향은 강한 억제로부터 벗어나게 되었다.

1920년대에는 그의 관심은 차츰 문화 문제로 옮겨갔다. 직접적으로 자신이 상악암이라는 생명의 위기에 직면하고 1차 세계대전 후의 유럽 문명의 위기에 촉구되어 병든 문화를 치료하려고 시도하여 《환상의 미래(Die Zukunft Einer Illusion)》 (1927), 《문화 속에 잠재하는 불쾌한 것(Das Unbehagen in der Kultur)》(1930)을 발표하였다. 1차 세계대전은 유럽과 자기를 동일시하고 있었던 많은 지식인의 기저를 뒤흔들어 세계대전 후에 발레리*의 《정신의 위기(La Crise Mentale)》나 엘리어

---

* Paul Valéry, 1871~1945

트*의 《황무지(The Wasteland)》(1922) 등 유럽의 위기를 자신의 위기로써 포착한 작품이 계속해서 발표되어 공감을 불러일으켰다. 프로이트가 말하는 〈문화의 불안〉이란 인간의 공격 충동을 가리키며 그것은 치료의 길이 거의 없다는 비관적인 것으로서 모두 유럽의 위기의 소산이라고 할 수 있을 것이다. 그러나 동시에 그것은 프로이트의 내면의 문제, 특히 프로이트에게 있어서 초극할 수 없는 가장 어려운 것이었던 〈공격성〉의 문제를 문화의 레벨로 투사한 것이다.

그는 나치(Nazi)에 쫓겨 1938년 런던으로 피신하였으나 이듬해 사망하였다. 그의 만년의 중요한 연구는 뜻밖에도 정신 분석의 구체적인 기법에 관한 것이었다. 다가오는 죽음을 앞에 두고 그가 후계자에게 진정으로 전하고 싶었던 것은 미래에의 예언이 아니고 치료 현장의 체험이었다. 치료자로서 그의 자기 동일시는 아주 만년에 이르러서 흔들릴 수 없는 것이 되었다고 말할 수 있을 것이다.

정신 의학자에의 교훈

프로이트의 생애는 자신의 신경증과 끊임없는 투쟁의 역사였다고 할 수 있다. 신경증의 수수께끼를 해명하려고 그는 자기의 신경증에 봉착하였고, 자신의 신경증을 극복하는 과정에서 정신 분석을 발견하여 이 방법을 환자의 치료에 환원하여 환자를 치료하면서 평생 자기 분석을 게을리하지 않았다. 이러한 프로이트의 내면 역사는 필연적으로 우리 정신 의학자의 숨겨

---

* Thomas Stern Eliot, 1888~1965

진 본질을 밝힌 것이다. 우리 정신의학자의 내면에는 다소라도 마음의 가시라고도 말할 수 있는 병적인 부분이 있으며 이 부분이 우리를 움직여 정신의학으로의 관심을 일으키게 하고 병든 인간의 복잡한 세계를 이해하는 것을 가능하게 한 것이 아닐까? 환자에게 있어서 치료자는 〈자기를 비치는 거울〉인 것은 프로이트의 말이지만 치료자에게 있어서도 환자는 자기를 비추는 거울이다(슐테). 환자가 치료자의 거울에 비쳐 자기의 병리를 통찰하고 병으로부터 탈출하듯이 치료자도 환자의 병리를 매개로 하여 자기 통찰을 깊게 하고 환자와 더불어 자기를 치료해가는 것이 정신 의학의 훌륭한 임상가인 것처럼 생각되기도 한다. 일반적으로 위대한 정신 의학자는 그 정신 병리학의 학설을 자기를 모델로 하든가 임상에서 실제로 만난 환자를 모델로 하여 구축한다고 한다. 그러나 프로이트의 생애는 환자를 매개로 하면서 자기를 모델로 하여 자신의 이론을 확립한 방법이 한층 진실에 가깝다는 것을 가르쳐준다.

참고 문헌

S. Freud, Aus den Anfängen der Psychoanalyse, 1887~1902, Briefe an Wilhelm, FlieB, Hamburg: S. Fischer, 1950.

S. Freud, Brautbriefe, Fischer Bücherei, 1968.

E. Jones, Sigmund Freud, The Life and Work, 3 vols., Newall: Hogarth Press, 1953~1957.

L. Andreas-Salomé, In der Schule bei Freud, München: Kindler Verlag, 1965.

D. Wyss, Marx und Frued, Göttingen: Klein Vandenhoeck-Reihe, 1969.

L. Binswanger,. Sigmund Freud: Reminiscences of a Friendship, New York: Grune & Stratton, 1957.

E. Fromm, Sigmund Freud's Mission, New York: Harper, 1972.

O. Mannoni, Freud, New York: Pantheon, 1970.

土居健郎, 「人間フロイト」, 《精神分析と精神病理》, 醫學書院, 1965.

懸田克躬, 「フロイト」, 《異常心理學講座》, 第7卷, みすず書房, 1966.

土居健郎, 《精神分析》, 「フロイトの遺産」, 創元醫學選書, 1967.

土居健郎, 小此木啓吾編 《精神分析》, 「現代のエスプリ」至文堂, 1970.

사진 출처

1. Sigmund Freud, founder of psychoanalysis, holding a cigar. Photographed by his son-in-law, Max Halberstadt, c. 1921
2. Photograph of the Austrian psychologist Sigmund Freud (1856~1939) and the German biologist and physician Wilhelm Fliess (1858~1928).

4. 루드비히 비트겐슈타인

Ludwig Wittgenstein
1889~1951

〈비트겐슈타인 충격〉

루드비히 비트겐슈타인은 오스트리아(Österreich)에서 출생하여 주로 영국에서 활동한 과학자 출신의 철학자로서 버트런드 러셀*의 초기 제자의 한 사람이다.

그는 극히 예민하고 독창적인 사고력의 소유자로서 그와 접촉한 소수의 사람에게 큰 충격을 주었다. 저 만만찮은 러셀조차 그와 만난 것을 〈비트겐슈타인 충격〉이라 부르고 「나의 마음을 가장 뛰게 한 지적 모험의 하나」라고 말했다. 러셀의 「논리적 원자론의 철학」(1918~1919)은 러셀이 스스로 인정하듯이 완전히 비트겐슈타인의 초기사상에 바탕을 둔 것이다. 또 세계대전 사이에 〈통일과학〉, 〈논리 실증주의〉의 주장을 들고 화려하게 활약하여 오늘날의 영미의 과학 철학의 원류로 되어 있는 빈 학단(Wiener Kreis)은 사실상 비트겐슈타인의 유일한 저서

---

* Bertrand Russell, 1872~1970

《논리철학논고(論理哲學論考, Tractatus Logico-Philosophicus)》 (1921)(이하 《논고》)에 촉구되어 탄생한 것이다. 비트겐슈타인 자신은 빈 학단에 가입하지 않고 자기를 논리 실증주의자로는 보지 않았다. 그런데도 빈학단의 기본적 테제의 전부는 《논고》에 의해 전취되었다고 해도 좋을 것이다.

오랫동안 그의 사상은 불과 《논고》 한 권에 의해서 알려졌을 뿐이다. 초기 사상의 결정인 《논고》 간행 후 그의 생존 중에는 한 권의 저서도 출판되지 않았다. 1921년 이후의 그의 사상은 극히 소수의 친구나 제자 외에는 전혀 알려지지 않았으며, 그가 죽은 후 유고(遺稿)나 강의 노트가 출판되어 초기와는 전혀 다른 후기의 사상이 빛을 보게 되었다. 그는 상당히 일찍부터 자기의 초기 사상을 〈중대한 오류〉로서 부정하고 있었다. 그는 《논고》 완성에 이르는 시기의 일기나 편지, 또는 친구와의 대화가 출판되어 《논고》에 대해서도 종래의 해석에 중대한 이의가 제기되었다. 러셀도 비트겐슈타인을 오독(誤讀)했다고 하겠다.

이렇게 많은 과학 사상을 촉발했으면서도 비트겐슈타인의 전체상은 아직 충분히 밝혀졌다고는 말할 수 없고 「그가 진실로 말하려고 한 것은 무엇이었을까?」는 끊임없이 다시 문제 되고 있다. 비트겐슈타인의 일생 자체가 「자기가 진정 말하려고 한 것은 무엇인가」를 되물은 생애였다고도 말할 수 있을 것 같다. 오늘날 초기의 사상이 그 후의 논리 철학의 발전 속에서 거의 전적으로 지양되어 후기의 사상은 아직 충분히 소개되지 못하고 평가도 정해지지 않았다는 사저에도 불구하고 비트겐슈타인이 많은 사람에게 충격을 주고 매혹하기조차 하는 그의 사상

적 생애를 일관하는 고삽한 탐구와 자기 부정의 반복 때문이
아닐까?

비트겐슈타인은 중요한 활동 분야로 보아 과학자라고 말할
수 없을는지 모른다. 이런 여기에서 그를 거론하는 것은 그가
과학 철학에 준 영향도 영향이려니와 과학자로 머물지 못하고
보다 일반적인 것을 추구하여 수학, 논리학, 철학에까지 종착한
예이기 때문이다. 이 추구를 계속하는 가운데 이른바 〈오독 문
제〉, 즉 그의 철학의 다의성(多義性)에 관계되는 문제에도 저절
로 하나의 답이 제출될 것이다.

천직을 구하여

비트겐슈타인의 조상은 독일계 유대인이다. 조부대에 라이프
치히로부터 오스트리아에 이주하여 프로테스탄트가 되어 양모
상인으로서 성공하였다. 이 조부는 11명의 자녀를 두었는데 딸
들은 군인, 사법관, 과학자들에게 출가시켰다. 특히 프로테스탄
트의 지도자격인 문벌과 몇 겹의 혼인 관계를 맺음으로써 교묘
하게 빈의 상류 사회에 가입하였다.

아버지 카를*은 형제 중에서도 남달리 뛰어난 역량의 소유
자였다. 자산 있는 집안에 태어났으면서도 조부의 뒤를 이으려
하지 않고 김나지움을 중퇴하자 자립하기 위하여 미국으로 건
너갔다. 미국에서 사환, 가정교사를 하면서 약간의 돈을 벌고
귀국하여 기사가 된 그는 처가의 세공소에 들어가 경영자로 전
향하여 대담한 방침으로 그것을 거대한 철강 회사로 성장시켰

---

* Karl, 1847~1913

다. 그는 오스트리아 근대 공업 건설자의 한 사람으로 인정받았으며 백만장자가 되었다. 또 그는 훌륭한 경제 평론가이기도 하였으며 일류 음악가의 보호자가 되어 호화로운 낭비 생활을 보냈다. 그러나 오로지 빈 귀족사회의 일원이 되려고 갈망하던 조부와 달라 아버지는 생애를 통해 상류 사회에 대하여 이면적 태도를 보였다. 귀족과 부르주아 실업인과 예술가, 미국적 시민성과 중부 유럽의 전통 사회, 또는 유태적 가부장 사회의 어느 것에도 동화되지 못하고 모순된 행동을 보였다. 그는 긍정인과 교제하면서도 황제가 귀족의 칭호를 수여하려 하면 이를 거부하였다. 자신이 예술 애호가이며 또 예술가의 가계로부터 아내를 맞고, 자기 저택에 브람스*나 말러** 등 제1급 음악가를 초빙하여 콘서트를 개최하면서도 아홉 명의 자녀들에게는 예술가 지망은 물론, 초등학교의 입학마저 허락하지 않고 도제로서 기술을 습득하도록 강요하였다. 이것은 당시의 사람들 눈에도 너무 극단적인 태도로 비쳤던 것 같다. 그는 스스로 아버지로부터의 상속을 거부하여 〈자수성가한 사람(Self-Made Man)〉의 길을 택했듯이 자녀들에게도 자기를 상속하는 것을 거부했다. 그는 이중의 의미에서 〈상속 거부자〉였다. 자신의 신앙마저 계승시키지 않고 자녀들에게는 어머니를 쫓아 가톨릭의 세례를 받게 하였다.

아버지 카를은 이른바 〈경계인(境界人)〉이었다. 그는 어떠한 귀속 의식도 갖기를 거부하였다. 그것은 그가 스스로 택한 길이었다. 그리고 자기 존재의 위험성을 끊임없는 정력적 활동으

---

* Johannes Brahms, 1833~1897
** Gustav Mahler, 1860~1911

로 커버하여 강한 공격 충동이 자기 파괴로 향하는 것을 가까
스로 저지한 것 같다. 그러나 보다 섬세했던 자녀들에게는 이
런 균형이 잡히지 않고, 또 아버지를 두려워하면서도 동시에
깊은 존경심을 가지고 있었기 때문에 정신적으로 아버지로부터
분리 자립을 할 수 없었다. 세 자녀가 차례 차례로 자살하였다.
이렇게 되자 아버지도 태도를 누그러뜨려 루드비히가 14살 때
대학으로 진학하지 않는 사람들이 가는 〈실업학교(Realschule)〉의
입학을 허가하였다. 또 바로 위의 형의 음악가 지망을 인정하
였다. 나중에 이 형은 피아니스트로서 대성하여 1차 세계대전
에서 한쪽 팔을 잃었으면서도 1961년에 죽을 때까지 유럽 음
악계에서 활약하였다.

　유년 시절의 비트겐슈타인은 압제적인 아버지에게 반항도 하
지 않고 원망하는 기색조차 나타내지 않는 아이였다고 한다.
후년 그는 신의 모습을 아버지에게 구하고 있으며(《일기》), 진정
한 권위에 대해서는 어떤 경우에도 맹목적으로 복종하는 것을
윤리적인 태도라고 생각하고 있었다. 이 절대 복종성은 카프카
의 단편 《판결(判決, Der Prozess, The Trial)》에 있어서의 아버
지의 말씀에 대한 절대복종*과 상통되는 것 같다.

　비트겐슈타인의 이러한 태도는 유년기부터 일관된 것이었다
고 생각된다.

　그는 어릴 적부터 손재주가 있어 정교한 기계를 만들었다.
그가 만든 모형 비행기나 재봉틀은 주위 사람들을 놀라게 하였
다. 또 쇼펜하우어**의 염세적인 철학에 탐닉하였고 클라리넷을

---

* 아버지에게 꾸중을 듣던 중 지나가는 말로 「죽어버려라」고 힐책당하자
강에 투신자살하였다.
** Arthur Schopenhauer, 1788~1860

불며 지휘자가 되려는 꿈을 몰래 키우고 있었으나 형들처럼 그 희망을 관철하려고 아버지와 갈등을 일으키는 일은 없었다. 성적도 〈종교〉만이 우수했고 나머지는 좋지 못했다. 수업 중 선생으로부터 불의에 질문을 받으면 망연자실하였다. 그는 평생토록 〈불의의 습격〉에는 약했고 그것을 내내 두려워하였다.

이렇게 〈그늘에서 자란〉 실업학교 생이 17살 때 갑자기 빈대힉에 들어가 물리학자가 되려고 결심하였다. 그런데 입학하던 해에 유명한 물리학 교수 볼츠만*의 자살을 알고 그는 부득이 처음의 지망을 바꾸어 빈을 떠나 베를린 공과 대학에 유학하여 헤르츠**에게 물리학을 배웠다.

2년의 과정을 마친 그는 영국으로 건너가 고층 기상대에 들어가 연(鳶)의 연구를 시작하였으나 두 달 못가 포기하고 맨체스터 대학으로 옮겼다. 여기서 그는 제트 엔진을 만들었는데, 어느새 엔진보다도 프로펠러에 열중하였다. 그가 만든 정교한 모형은 현대의 제트 헬리콥터의 선구라고 일컬어진다.

그는 몇 개의 특허를 땄다. 만년에 「그대로 하고 있었더라면 어느 정도 물건이 되었을 것이다」라고 제자에게 말하고 있다. 그러나 2년도 안 되어 이것도 포기해 버렸다.

그의 흥미는 한군데 머무는 일이 없었다. 프로펠러의 연구는 유체 역학으로, 유체 역학은 응용 수학으로 그를 이끌어 갔다. 다시 순수 수학으로, 수학 기초론으로, 수리 논리학으로 차례차례 쌓은 것들을 중도에서 포기하면서 그는 옮아갔다. 자기의 〈천직(天職, Vokation)〉 즉 자기 결정을 구하는 이 방황은 그

---

* Ludwig Boltzmann, 1844~1906
** Gustav Hertz, 1887~1975, 전기에서는 가끔 외숙 H. Hertz와 혼동되고 있다.

자신에게도 괴로운 것이었다. 그는 언제나 침착성이 없고 조급하며 불안스럽게 보였다고 한다. 「나는 이 무렵 언제나 불행했다」라고 그는 후에 말하고 있다.

1910년께 누군가가 비트겐슈타인에게 당시 주목을 끌고 있던 러셀의 《수학의 원리(Principia Mathematica)》(1903)의 존재를 가르쳐 주었다. 그는 즉석에서 자기의 천직이 명확해졌다고 느꼈다. 그는 러셀이 이 책 속에서 찬양하고 있는 예나(Jena) 대학의 수리 논리학자 프레게* 교수를 만나러 갔다. 그러나 프레게는 당시 이미 62살, 주요저서 《수론의 기초(Die Grundlagen der Artithmetik)》(1884)는 벌써 7, 8년 전에 출판을 끝마쳤다. 그리고 간행이 임박해서 러셀이 제출한 역리(逆理)에 충격을 받아 「무리수에 직면했던 피타고라스**처럼」(러셀) 수학 기초론을 포기하고 수론의 기하학적 취급에만 머물고 있었다. 아마도 프레게는 〈비트겐슈타인의 충격〉을 견뎌내기 어렵다고 생각했는지 「군은 러셀에게 알맞는다」라고 말했다. 비트겐슈타인은 케임브리지로 되돌아와 러셀의 학생이 되었다. 1911년 가을부터 13년까지 케임브리지에서 그는 맹렬히 공부하여 단기간에 러셀의 모든 것을 흡수하고 독창적인 아이디어가 빈발해서 러셀에게 위협을 느끼게 했다. 드디어 그는 자립을 달성했다는 것을 느꼈다.

압제적인 아버지에게 주전된 고전적인 분열병질인 소년이 지적 능력에 의존하여 자립을 지향했을 때 그 주제가 먼저 연, 제트 엔진, 헬리콥터 등 〈비상(飛翔)〉이라는 것으로 일관한 것은 흥미 깊다. 뉴턴이 연을 사랑했던 것이 연상된다.

---

* Gottleb Frege, 1848~1925
** Pythagoras, B.C. 500년쯤

일반적으로 분열병의 소질을 갖는 사람이 자립을 구할 때는 〈수직 상승 지향〉이라고도 할 즉각적, 전면적, 초탈적 자립의 환상적 원망이 분출된다. 그것은 계층질서(階層秩序, Hierarchie)를 승인하고 그 테두리 안에서 단계적으로 〈승진〉을 지향하는 조울병질인 사람의 자립의 경우와 뚜렷한 대조를 이룬다.

분열병적인 사람에게 있어서 자립에의 시도는 특히 위기적이다. 그것은 그들의 좁은 세계를 유지하는 데 필요한 자폐성과 수동성을 전면적으로 철회하는 것을 의미하며 곧 그들의 세계 전체의 취기가 되기 때문이다. 여기서 분열병의 소질을 갖는 사람이 자기 삶의 위기를 〈국지화(局地化, Localize)〉하는 능력이 부족하며 위기가 쉽게 전체화하는 사실이 주목된다. 그들은 자기의 세계를 보잘것없는 국지에서 구축하기 시작하여 점진적으로 확대, 성숙시켜 갈 틈이 없다고 느낀다. 따라서 그의 세계 전체에 걸쳐서 지금까지의 〈유예〉가 철회되면 그들은 즉각적, 전면적 자립을 구하지 않을 수 없기 때문이다. 그들은 〈비상〉하려 한다.

〈비상〉을 주제로 하는 과학적 실천은 이를테면 삶의 비상 등가물(等價物), 대체물이다. 실로 자주 분열병권의 과학자는 자기 자신의 발전이나 성숙을 결정적으로 단념하고 문제를 물리학인자 수학이라는 초개인적인 지적 세계로 옮겨 지성의 힘으로 항구적인 문제 해결을 시도하려 한다. 그들의 대부분은 자연의 〈일부〉를 다루는 과학을 결정적으로 불만족한 것으로 느끼고 하나의 〈세계〉에 비길만한 자연의 포괄적 체계화를 시도한다. 어떤 사람은 더 멀리까지 가서 현실을 결정적으로 지양한 추상적이며 자기 완결적인 〈세계등가물(世界等價物)〉, 예를 들면 수

학이나 논리학, 언어 이론 등의 체계를 만들려 한다. 이것은 분
열병권의 사람들의 위기가 그들의 세계 전체의 위기이며 위기
에 대한 반응이 자주 삶으로부터의 전면적 철퇴인 까닭이다.

비트겐슈타인이 《일기》 속에서 말하고 있듯이 그에게 있어서
는 삶의 의미, 세계의 의미는 전혀 세계 밖에 있었다. 우리는
세계의 사건을 의지 때문에 굽힐 수 없는 무력한 존재이며

> 「다만 사건을 좌우하는 것을 완전히 단념함으로써 세계로부터 나 자신을
> 독립시켜—어떤 의미에서 세계를 지배할 수 있다」
>
> 《《일기》, 1916년 6월 11일)

는 것뿐이었다. 그렇기 때문에 그는 구체적인 삶의 문제를 단
념하고 과학으로 향하고 다시 일반화, 추상화의 길을 더듬어
논리학에 당도했다. 논리학을 선택함과 동시에 그는 쇼펜하우
어식의 인식론을 결정적으로 버렸다. 이를테면 그는 자아와 세
계와의 관계를 지양하고 만 것이다.

그의 논리학에서의 중요한 발견의 하나는 「논리학적 진리는
모두 동어 반복(同語反復, Tautology)」, 즉 A=A라는 것이다. 현
실에 대해서 아무것도 가르치지 않고 거꾸로 현실에 의하여 반
박되는 일도 없는 것이다. 그에 있어서 논리학은 무엇보다도
현실에 오염되지는 않는 자립성, 자기 완결성을 갖는 것이었다.
그 때문에 그는 논리학에 매혹되어 드디어 〈천직〉을 만났다고
느꼈다. 그는 주관과 객관의 관계를 논하는 인식론 등은 심리
학에 불과하다고 하여 버리고 철학을 논리학과 형이상학으로
나누어 전자가 기초가 된다고 하였다(1913년 여름 러셀에의 편
지). 논리가 동어 반복인 것은 러셀도 생각이 미치지 못했으며
비트겐슈타인에게 듣고서야 눈이 뜨인 것 같은 생각이 들었다

고 말했다.

그런데 러셀은 비트겐슈타인이 현실에 오염되지 않은 자기 완결성을 본 것과 같은 것을 〈가설성(假說性)〉이라고 하였다. 예를 들면 「오각형은 다각형이다」라는 논리학적 진리는 하나의 동어 반복이지만 「만약 그것이 오각형이라면 그것은 하나의 다각형이다」라는 가설을 말한 것이라고도 할 수 있다는 것이다. 여기에 두 사람의 사고방식의 미묘한 차가 있다. 프랑스의 수학자 푸앵카레*는 수학이 동어 반복이라는 가능성을 생각하면서도 그것은 기묘한 일이라고 생각하여 수학의 귀납적, 발견적인 측면을 강조하고 있다. 그러나 비트겐슈타인은 논리학, 수학의 동어 반복성은 바로 그래야만 하는 것이었다. 그리고 현실과 달라 「논리에는 불의의 습격이 없다」는 것, 가능과 현실의 갭이 없고 가능한 것은 모두 현실적이라는 것이 그에게는 매력이었다. 그는 어릴 적부터 〈불의의 습격〉을 두려워하였다.

비트겐슈타인은 이 추상적인 수준에 이르기까지 중도의 어느 단계에 있어서도 자기 한계를 성취하지 못하였으나 환상에 밀려 능동성을 잃고 망상의 세계를 방황하는 일도 없이 하나의 극한에 도달했다고 말할 수 있을 것이다. 그러나 동시에 그의 내면의 긴장과 불안정도 극도로 높아졌다. 왜냐하면, 논리학의 현실을 지양하더라도 현실적으로 그는 자기 문제, 그의 현실, 그 개인의 역사를 지양한 것은 아니었기 때문이다. 오히려 절대적으로 지양할 수 없다는 것이 노출되었다.

그는 철학을 시작할 즈음 러셀에게 양자택일을 물었다. 「나에게 철학자의 재능이 없다면 비행사가 되겠습니다」

---

* Henri Poincaré, 1854~1912

얼핏 보아 당돌한 양자택일이 그에게 있어서는 필연적인 양
자택일이었던 것은 구체적인 행위로서의 비상하는 비행사가 됨
으로써, 〈추상충동(抽象衝動)〉[보링거(Wilhelm Worringer)]에 의
한 악순환을 끊고 단번에 현실로 되돌아오려는 내심의 반류가
있었기 때문인 것 같다.

실제로는 그는 러셀의 지지를 얻고 철학자의 길을 택하였지만,
긴장과 불안은 계속되었다. 그는 자주 심야에 러셀을 방문하여
「내쫓기면 자살하겠습니다」라고 선언하고 몇 시간이나 아무 말
없이 러셀의 방 안에서 왔다 갔다 하였다. 정확하게 시간을 지
켜 10시에 취침하는 러셀의 방에 언제까지나 불이 켜져 있으면
케임브리지 사람들은 「아, 비트겐슈타인이 와 있군」 했다고 한
다. 참다못한 러셀은 물었다. 「자네는 논리에 대해 생각하고 있
는 건가, 그렇지 않으면 자네가 범한 죄에 대해선가?」 「양쪽입
니다」라고만 대답하고 다시 말없이 앉아 있었다. …… 드디어
비트겐슈타인은 케임브리지의 학자 사회가 견딜 수 없게 되었
다. 그는 최고 엘리트의 비밀 클럽 〈사도들(The Apostles)〉의
일원으로 선출되었을 때 그것은 「시간의 낭비」라 하여 거절하
였다. 그 후 이 클럽에서는 보복으로 그의 이름을, 소문자로 썼
다고 한다.

1913년 초가을 드디어 그는 케임브리지를 탈출하여 젊은 수
학자인 친구*와 아이슬란드(Iceland), 노르웨이(Norway)로 한
달 동안 여행하였다.

일단 케임브리지에 돌아온 그는 혼자 노르웨이로 돌아가 베

---

* 비트겐슈타인은 그의 저서 《논고》를 1차 세계대전에서 전사한 이 친구에게
바쳤다.

138

르겐(Bergen) 지방 소그네 피요르드(Fjord, 협만) 근처에 오막집을 짓고 1년 가까이 완전한 독거 생활을 하였다. 노르웨이의 수많은 피요르드 중에서도 가장 아름답다고 하는 이 피요르드의, 삶을 느끼지 못하게 하는 초절한 풍경은 그의 내면과 잘 어울려 이를테면 그의 심상풍경(心象風景)이 되었다.

이 피요르드는 그에게 있어서는 변함없는 안식처가 되었고 나중에도 추상직 사고의 생산성이 높아지거나 심적 위기에 빠지게 된 때마다 그는 이 피요르드로 달려왔다.

여기에서 그는 러셀 등과 편지를 교환하며 《논고》의 최고층(最古層)이 되는 부분을 완성하였다.*

러셀과의 밀접한 교우는 이즈음에 종말을 고하였다. 러셀은 그 후에도 비트겐슈타인을 위해 여러 가지로 배려하였지만, 사상적 차이도 벌어져 1930년대의 어느 날 비트겐슈타인 쪽에서 러셀에게 절교를 선고하였다.

1913년**에 아버지가 세상을 떠났다.

그는 유산을 인심 좋게 남들에게 나누어 주었다. 그는 「철학을 하는 데는 재산이 방해된다」고 말했다. 자립의 달성을 배경으로 한 아들의 〈상속 거부〉를 상징하는 행위였다. 이 유산을 받은 사람 중에는 시인 릴케, 게오르크 트라클*** 등이 있다. 이러한 문예의 파트론(Partron)이 된 점에서 비트겐슈타인은 자립을 지향하면서도 아버지를 모델로 삼고 있던 면이 있었다고 말할 수 있을 것 같다. 《논고》의 문체가 아버지의 경제 평론의

* 이 무렵의 그의 노트는 암호로 쓰여 있다.
** 폰 라이트(Henryk von Wright)의 《소전(小傳)》에 1912년이라고 된 것은 잘못이다.
*** Georg Trakl, 1901~1959

문체와 아주 닮았다고 지적하는 사람도 있다. 또 그는 릴케보다도 트라클의 신비적, 염세적인, 죽음으로 향하는 듯한 시를 좋아하였다.

발병의 위기

1914년 여름 1차 세계대전이 발발했을 때 그는 노르웨이에서 혼자 살다가 돌아오는 길에 고국에 들렸다. 개전 소식을 들은 그는 즉시 지원병으로 포병대에 들어가 8월 19일에는 동부 전선에 도착하였다. 영국 철학계라는 사상적 온상에서 뜻하지 않게 단절된 그는 일기체의 노트 때문에 홀로 탐구를 계속할 것을 결심하였다. 그는 첫머리에 「논리는 자활하지 않으면 안 된다」(1914년 8월 22일)고 썼다. 〈하지 않으면 안 된다(muB)〉라는 낱말에 그의 불안한 결의와 내적 긴장을 엿볼 수 있다. 당장에는 종래의 논리학의 선을 따라 시론(試論)이 계속되었는데 논리학 자체의 내용적 전개보다는 「논리란 무엇인가」라는 논리에 대한 고찰, 특히 언어에 대한 고찰에 중점이 옮겨져, 논리와 현실과의 관계를 점차 문제화하였다. 1년 전의 「러셀에의 편지」에서 볼 수 있는 기호적 전개는 벌써 《일기》에서는 볼 수 없다.

1차 세계대전의 전반 동부 전선에서 러시아군이 대공세로 나와 독일, 오스트리아군을 압박한 것은 1914년 가을의 〈갈리시아(Galicia) 회전〉과 1916년 6월 이후의 〈브루실로프(Aleksei Alekseevich Brusilov, 1853~1926) 반공〉의 두 번인데 두 번 다 그는 일선에 있었고 특히 나중 전투에서는 두 번이나 훈장을 받았다. 그런데 《일기》에서 중요한 전회가 보이는 것은 반드시 이 격전들이 한창인 때였다. 이것은 종래에는 문제로 삼지 않았던 것 같다. 《일기》가 전투나 병사로서의 일상생활을 전혀 말하지 않고 추상적 어구로만 가득 차 있다는 것에서 병사로서의 그가 철학적 초연성을 가지고 지낸 듯이 생각되고 있지만 사실은 아마도 정반대였던 것 같다. 《일기》와 전투의 현실은 거의 음화와 양화처럼 대응한다. 그만큼 진지한 병사는 없지 않았을까? 뒤에서도 말하지만 《논고》에는 〈씌어 있지 않은 것〉이 〈씌어 있는 것〉 이상으로 문제시되는데 이와 마찬가지로 《일기》에도 적혀 있지 않은 것은 적혀 있는 것과 같은 정도로 중요하다. 그리고 격전 때에 볼 수 있는 철학적 전회는 반드시 현실 우위의 방향으로의 전회였다.

먼저 갈리시아 회전 때 그는 비스툴라(Vistula)강 상의 포함에 있었는데 갑자기 「논리는 세계의 영상이다. 이것은 자명하다. 그러나 왜일까?」하는 생각이 떠올랐다(영상설). 이것은 「파리의 교통사고 재판에서는 미니어처(Miniature)를 써서 사고 현장을 재현한다」는 신문 기사를 읽은 것이 직접적인 계기가 되어 생겨난 생각이라고 한다. 그러나 이 신문 기사는 사실은 이전부터의 자문에 해답의 힌트를 준 데 불과하다. 일찍이 일단 지양했을 터인 현실 세계와 논리의 관계를 그는 전쟁의 현실 속에서 새삼스럽게 문제 삼지 않을 수 없게 된 것이 아닐까? 이 무렵부터 그의 《일기》는 고삽의 빛을 띠고 「나는 표현할 수 없는 것을 표현하려고 또다시 시도하고 있다」는 등의 글이 두드러진다.

그는 일단 「영상은 다시 세계 위에 투영되지 않으면 안 된

다」(1914년 11월 6일)라고 하면서도 1914년 12월 10일 포함에
서 내려 후방의 포병 공창에 전속됨과 더불어 논리 우위의 입
장으로 되돌아 왔다. 즉 그는 「논리는 무한히 작은 그물눈을
짜면서 전체로서의 세계를 비추는 하나의 거울이다」(1915년 1
월 24일)라는 〈영상설(映像說)〉에서 결국 세계와 경상(鏡像)과의
관계를 거꾸로 세워서 경상을 연구하면 세계를 연구한 것이 된
다고 생각하고 다시 논리를, 특히 세계를 비추는 논리로서의
(이상화된) 언어로 회귀하였다. 「명제는 세계의 척도이다」(1915
년 4월 3일), 「나의 언어의 한계가 나의 세계의 한계이다」(1915
년 5월 23일).

이 한계 설정 때문에 그는 우선 일종의 유아론(唯我論)을 수
립하였다.

> 「실제로 있는 것은 오직 한 개의 〈세계혼(世界魂)〉이며 나는 그것을 나
> 의 혼이라고 부르고 싶을 뿐이다. …… 나는 일찍부터 〈내가 발견한 세계
> 라는 책을 쓸 수 있다고 생각하고 있었다」
>
> (1915년 5월 23일)

그는 말라르메*처럼 세계를 하나의 책으로 바꾸려 하는 지적
로빈슨(Robinson Crusoe)이 되었다. 그러나 로빈슨의 섬이 그
섬을 둘러싼 바다의 존재를 예상시키듯이 언어로 말할 수 있는
것으로 구성되는 비트겐슈타인의 섬은 그 바깥에 있는 〈말할
수 없는 것〉의 존재를 예상하게 하는 것이다. 유명한 「나타낼
수 있는 것은 말할 수 없다」는 테제는 이미 1914년 11월 29
일 자에서 볼 수 있다.

처음 〈말할 수 없는 것〉은 러셀이라면 「계형(階型)의 이론」으

---

* Stéphane Mallarmé, 1842~1898

로 해결할 수 있을 만한 논리적인 것에 지나지 않았다. 러셀에 의하면 언어는 자신을 다 설명하지는 못하지만, 그것을 보완하기 위해서는 제2의 언어(언어의 언어)를 가져오면 된다고 하였다. 제2의 언어를 위해서는 제3의 언어를, 이하 마찬가지이다. 후에 러셀은 《논고》에 붙인 서문에서 《논고》에서 풀지 못한 것은 「계형의 이론」에 의하여 해결될 것이라고 시사하고 있다. 그러나 비트겐슈타인은 이 시사, 나아가서는 「계형의 이론」 자체에 극히 불만이었다. 그의 안에서 〈말할 수 없는 것〉은 차츰 중대한 철학적 의미가 있게 되어 〈말할 수 있는 것〉이 도리어 제2의적인 자리로 떨어져 갔다.

「말은 깊은 물 위를 덮는 박막과 같은 것이다」

(1915년 5월 30일)

1916년 6월 4일 러시아의 명장 브루실로프는 퇴세를 단번에 만회하려고 대공세를 시작하였다. 러시아군은 큰 손해에도 불구하고 진격을 계속하여 동 갈리시아의 대부분을 점령하였다. 비트겐슈타인은 혼전 상태 속에서 용감하게 싸웠다. 바로 이때부터 《일기》의 흐름은 일변하여 종래의 중립적인 문체는 격한 숨길을 내포한 간결하고 단정적인 짧은 글로 바뀌었다. 그는 마치 신앙 고백과 같이 「세계의 의미는 세계를 초월하며 세계는 나의 의지를 초월하고 있다」(1916년 6월 11일)고 열렬하게 단언하였다. 아마도 전투라는 극한 상황 속에서 그는 파스칼처럼 격렬한 〈피조자 체험(被造者體驗)〉을 경험하고 하나의 회심을 이루었던 것 같다.

「신, 그리고 인생의 목적, 이들에 대해서 내가 무엇을 알겠는가, 내가 아

는 것은 세계가 있다는 것, 눈이 시야 속에 있듯이 (말하자면 허의 상태로
서—저자) 나는 세계 속에 있다. …… 세계의 의미는 세계 속에는 없다. 삶
이란 세계이다.…… 삶의 의미란, 즉 세계의 의미 그것을 신리라고 불러도
좋다. 신을 아버지로 해서 예를 들면 그것을 삶의 의미에 결부시킬 수 있
다. 기도한다는 것은 삶의 의미를 사유한다는 것」

(1916년 6월 11일)

보통, 사람은 서로 모순되는 것처럼 보이는 두 가지 사실, 즉
자기가 〈세계 속의 한 사람(One of Them)〉이라는 사실과 (자기
에게 있어서는) 자기가 있음으로써 비로소 세계가 있다는 사실을
통합하여 여유감과 능동 감을 만들어 내고 있다. 이것은 우리
가 평소에는 거의 의식하지 않고 이를테면 대기처럼 호흡하고
있는 자유 감의 원천이다. 반대로 극한 상황에 있어서는 자기
가 숨을 수도 없이 혼자서 세계와 대결하고 있으며 세계는 자
기를 무한히 능가하여 마치 세계가 자기에게 우선하는 듯이 느
껴진다. 이것은 〈성스러운 것(Numen)〉의 체험으로서 종교적
회심 체험에도 상통하지만, 분열병 발병의 위험도 절박해지고
있다는 것이다. 만약 여유와 능동성이 최종적으로 상실되면 망
상 기분, 즉 붙잡을 수 없는 세계 변용감(世界變容感)과 절대적
인 미래 박탈감이 도래하여 분열병으로 전락하지 않을 수 없게
된다. 이미 《일기》는 비 인칭적(非人稱的)인 〈의지〉에 의한 세계
전체의 눈에 보이지 않는 변모에 대해서 말하고 있다.—

「착한 의지, 악한 의지가 세계 위에 작용한다 하더라도 그것은 사실 위
에서가 아니라 세계의 한계 위에 작용을 미칠 수 있을 뿐일 것이다.……
즉 세계는 그것에 의해서 전혀 별개의 것이 되지 않으면 안 된다. 세계는
말하자면 전체로서 증감된다. 마치 의미의 부가 또는 탈락에 의한 것처럼」

(1916년 7월 5일)

이 위기 속에서 그는 거의 능동성을 잃다시피 되었다. 그는 말로 표현할 수 없는 절정감 속에 있었다.

「……삶의 문제 해결은 그 문제의 해소에 있다. 그러나 삶이 문제를 내포하지 않게 된다 하더라도 그대로 계속해서 살 수 있을까?」

(1916년 7월 6일)

「충만 되었다고 느꼈던 삶의 문제가 무엇이었는지 이젠 말할 수 없다. 오랜 회의 끝에 삶의 의미가 분명해진 사나이가 세계의 의미란 무엇인가를 말할 수 없는 까닭을 알았다」

(1916년 7월 7일)

「너의 이웃을 사랑하라, 이것은 의지이다」라고 그는 말했다.

「세계와의 일치때문에……내가 의론하고 있는 것처럼 생각되는 저 알지 못하는 의지와 일치할 수 있다. ……나의 양심이 저 알지 못하는 의지와 일치할 수 있다.……나의 양심이 나의 평형을 교란할 때는 내가 〈어떤 것〉과 일치하지 못하고 있을 때이다」

(1916년 7월 8일)

세계와의 일치 때문에 의해 그의 너무도 뿌리 깊은 죄악감도 일단 지양된 듯이 보였다. 그러나 위험 속에서 체험하는 다행스러운(Euphorisch) 절정감은 극히 위험한 징조였다.

그러나 비트겐슈타인은 견디어냈다. 그는 절대의 현재에 있어서 자기와 세계와의 일치, 의지와 행위와의 일치에 의한 신비주의적인 방향으로 초극하였다.

갈리시아 전투 후의 2년 남짓한 일련의 위기 체험이 얼마나 격렬한 것이었던가는 같은 10월 후방으로 나온 그가 마치 실어증에 걸린 것처럼 말을 찾지 못하고 글을 쓸 수 없었다는 것으로도 엿볼 수 있다.

〈말할 수 있는 것〉과 〈말할 수 없는 것〉

그 후도 《일기》는 세계에 관해서 쓰고 있으나 그것은 벌써 논리나 언어와 경상(鏡像) 관계에 있는 세계는 아니며 의지 주체로서의 자아와의 관계에 있어서의 세계였다. 사실 이전의 《일기》에서는 21번이나 나온 〈동어 반복〉이라는 말을 뒤에서는 한 번밖에 찾아볼 수 없으며 대신 이전에는 한 번도 보이지 않던 〈의지〉, 〈원망〉이 57번이나 나온다. 그는 수동적인 〈원망〉을 물리치고 능동적인 행위와 일치한 〈의지〉를 중시하였다. 인식 주체로서의 자아는 존재하지 않고 자아는 의지 주체라고 하였다.

후방의 울뮈츠*에서 1년 지원병으로 장교가 될 훈련을 받게 된 그는 친구의 소개로 건축가 파울 엥겔만**과 만났다.

엥겔만은 항상 곁에서 자신도 말했듯이 좋은 〈청취역〉이 되어 그가 말하고자 하는 바를 알아차려서 표현하여 그의 〈실어증〉을 치료하였다. 1916~1928년에 걸친 긴 기간동안 엥겔만은 여러 가지 형태로 비트겐슈타인의 좋은 치료자 구실을 하였다.

엥겔만이 전하는 바로는, 이 시기의 그는 극히 종교적이었다. 그의 신은 창조의 신이 아니고 재판하는 신이며 신과 인간 사이에는 파스칼적 단절이 있고 인간은 이 지상에서는 〈왜〉하고 묻지 말고 무조건 의무에 복종해야 하는 것이었다. 친구 러셀이 반전 운동 때문에 박해를 받고 있다는 말을 듣고 러셀의 용기는 인정하지만 그것은 용기의 오용이라고 말하였다. 또 그는 올뮈츠에 있는 유럽 제일의 높은 교회의 탑 꼭대기에 살고 싶

---

* Olimütz, 현재 체코 슬로바키아령 올로모우크(Olomouc)
** Paul Engelmann, 후에 비트겐슈타인의 서간을 편집하고 회고록을 씀

146

다는 등의 말을 꺼내 친구들을 놀라게 하였다. 그러나 엥겔만과의 교우 때문에 그는 차츰 마음의 평정을 되찾았다. 1917년에는 2월 혁명으로 성립된 단명의 공화제 러시아의 케렌스키* 정권이 연합군에의 충성을 증명하기 위해서 마지막 힘을 다한 소위 〈케렌스키 공세〉를 시도하였는데 비트겐슈타인은 이젠 전투의 현실에 전적으로는 몰입하지 않고 장교로서의 자유를 행사하여 자주 휴가를 얻어 엥겔만을 찾았다. 그에게 내용을 설명하면서 《논고》가 차츰 현재의 형태를 잡아갔다고 한다.

《논고》가 의사수학체계(疑似數學體系)의 형태를 취하고 있는 것은 잘 알려져 있으나 이것이 과연 엄밀한 체계인지 애포리즘(Aphorism)의 집성에 지나지 않는지에 대해서는 논의가 갈라져 있다. 사견에 의하면 《논고》의 제1부, 제2부는 1917년 이후에, 「철학을 종식할」만한 완벽한 체계 구성을 목표하여 새로 구상하여 집필한 것인데 제3부 이하는 오랜 노트를 정리한 것이 아닌가 생각된다. 즉 제1부, 제2부는 세계, 사실, 논리, 사태 및 영상설(映像說) 등에 대해서 보다 포괄적으로, 더욱 높은 추상도(抽象度), 보다 정리되고 질서 잡힌 형태, 그리고 더욱 간결한 문체로 되어 있다. 제자 앤스콤(G. E. M. Anscomb) 여사가 작성한 대조표에 따르면 1913년 이후의 그의 《노트》, 《일기》, 《편지》의 내용은 오로지 《논고》의 제3부 이하와 대응하고 있다. 제1, 2부와 제3부 이후에는 약간의 중복되는 부분도 있지만, 그 경우에는 제1, 2부 쪽이 더욱 간결하며 일반적인 표현으로 되었고 더욱 완성된 형태이다. 그러나 이 문제의 결정은 현재 새로 찾은 《논고》의 초고가 간행된 다음으로 기대하고 싶

* Aleksandr Fjodorovich Kerenskii, 1881~1970

다(영국에서 1971년 출간).

1918년 드디어 현재의 형태로 완성된 《논고》를 1919년에 포로수용소로부터 러셀에게 보냈다. 그러나 비트겐슈타인은 러셀이 붙인 서문이 근본적으로 불만이었다. 편지로 옥신각신한 끝에 그는 「마음대로 하십시오!」 하였고 러셀은 그대로 출판하였다.

비트겐슈타인 자신도 《논고》에 서문을 쓰려 하였으나 못 쓰고 말았는데 그 개요를 적은 편지가 1967년에 간행되었다. 그것에 의하면 《논고》는 뛰어나게 윤리적인 책이며 〈쓰인 부분〉과 〈쓰이지 않는 부분〉으로 구성되어 있고 후자 쪽이 중요하다고 하였다. 말하자면 그는 〈말할 수 있는 것〉에 의하여 〈말할 수 없는 것〉, 즉 세계의 의미—신의 음화를 제시하려 했다. 「신은 세계 속에는 나타나지 않는다」(《논고》, 6-432)

그런데 러셀은 단순하게 〈오독〉했던 것일까? 1913년 여름 비트겐슈타인이 러셀에게 넘겨 준 노트의 내용은 나중의 《논고》의 일부와 관련이 있지만, 그것은 러셀 적 견해를 지지하고 있다. 아마 저 1916년 여름의 위기 속에서 그의 그때까지의 논리 철학적 탐구는 얼핏 봐서 그대로이면서도 근본적인 가치 전환, 즉 〈말할 수 있는 것이 우위〉로부터 〈말할 수 없는 것이 우위〉라는 역전을 일으켜 전체계가 이를테면 눈에 보이지 않는 개조를 한 것 같다. 이것이 《논고》가 이중의 의미가 있는 것같이 보이는 이유이다. 그러나 1916년 6월부터 날이 지나감에 따라 같은 말할 수 없는 것의 우위성이라고는 하지만 그것은 애초의 극한적인 체험으로서의 직접성을 상실하고 점차 하나의 철학으로서의 간접성으로 천천히 의의 변화를 일으켰다. 이것이 한계 상황을 체험했던 그가 그대로 강직한 침묵 속으로 사라져 가버리지 않고 구상을 새로 하여 하나의 철학 체계를 만들려고 한 이유일 것이다.

《논고》는 〈말할 수 있는 것〉으로서 최종적으로 자연과학의 사실들만을 남겼다. 이것을 이해한다면 철학은 불필요하게 된다.

「독자는 사닥다리를 다 올라가면 그것을 내던져버리지 않으면 안 된다」

《논고》, 6-54)

그는 철학 자체를 지양함으로써 철학의 문제를 최종적으로 해결했다고 믿었다. 이러한 논법은 조울병권의 사람에게는 얼토당토않는 것으로 생각될 것이다. 그러나 분열병권의 사람에게 있어서는 학문은 세계의 최종적 해결의 시도의 등가물인 것이다. 그러나 이것은 철학자로서의 자립을 달성한 그에게 있어서 자기 부정을 뜻하는 것이었다. 그는 자신을 「자기가 앉아 있는 나뭇가지를 잘라 내 버리는」[《철학 탐구》*] 사람처럼 느꼈을 것이다.

이리하여 그는 철학을 완전히 포기해 버리고 포로수용소에서 돌아오자마자 아직 남아 있었던 아버지의 유산을 모조리 남들에게 나누어 주고 속성 교육을 받아 시골 초등학교 교사가 되었다. 그러나 그것은 무참한 실패로 끝났다.

1919년 이후의 몇 해는 그에게 가장 어두운 시대였다. 그는 울적하여 주위 사람이 그에게 이상한 악의를 가지고 있는 것처럼 느꼈다.

「무서운 상태가 계속되고 있습니다. …… 그것은 내가 어떤 한 가지 일을

---

* Philosophical Investigations

넘어서지 못하기 때문입니다. 물론 해결은 오직 하나, 그것과 결말을 짓는 일입니다. 그러나 내 상태는 마치 헤엄을 못 치는 사람이 물에 내동댕이쳐져 손발을 파닥거리면서 수면으로 솟아 나오지 못하는 것과 같습니다」

(1920년 6월 2일의 편지)

그는 자기가 바보가 된 것같이 느꼈다. 결정적인 일을 완수했다고 믿었던 것은 잘못이었다.

「나의 인생은 무의미한 에피소드를 끌어모은 것에 지나지 않습니다. …… 나는 과제를 달성하지 못했습니다. 그 때문에 나는 파멸해 가고 있습니다. 나는 인생을 선한 것에 바칠 셈이었습니다. 나는 하늘의 별이 될 것이었습니다」

(1921년 1월 2일의 편지)

그는 거듭 자살을 생각하였다. 마지막 구원을 엥겔만에게서 구하려고 만나려 했지만, 왠지 차마 만날 수 없었다. 유일한 기쁨은 「아이들에게 동화를 읽어 주는 일」(1920년 2월 19일의 편지)이었으며 사실 그는 열성적인 교사였다. 그는 《초등학교 아동의 낱말 집》을 엮어 출판하였다. 그러나 그는 그에 의하면 「누구보다도 특별나게 사악한 무리」(러셀에의 편지)인 학부모들과 다투고 학교를 그만두었다. 1920년 여름과 1926년의 봄부터 여름에 걸쳐 그는 수도원의 정원사가 되었다.

「정원사 일은……제일 진지한 일이다. 하루 일을 마쳤을 때 지칠 대로 지쳐 나는 내가 불행하지 않다는 것을 깨달았다」

(1920년 7월 19일의 편지)

그는 다시 수도원에 들어갈 것과 건국 후 얼마 안 되는 소련 귀화를 마음먹기도 하였다. 그러나 수도원마저도 번거로운 인간관계가 있다고 생각한 그는 중지하고 〈치료자〉 엥겔만과 더불어 2년이나 걸려 누이의 저택을 세밀하게 설계하였다. 이것은 그의 생애에서 단 한 번의 공동 작업이었을 것이다. 이 저택은 유리와 강철과 콘크리트로 되었고 일체의 장식이 없으며 현대 건축의 선구자라고도 일컬어지고 있다. 이어 그는 요정의 조각을 시도하였다. 그것은 그리스 고전기의 균정미(均整美)를 갖는 것이었다. 비트겐슈타인의 작품은 그가 좋아한 풍경과 마찬가지로 일체의 감정 이입을 거부하는 것이었다.

이 무렵 빈에는 〈논리 실증주의〉, 〈통일 과학〉을 표어로 한 무리의 과학자가 이른바 빈 학단을 형성하여 논리적 견지에서 과학의 재검토를 시작하고 있었다. 그들은 《논고》야말로 자기들이 말하고 싶었던 것이라고 느끼고 비트겐슈타인과 접촉을 시도하였다. 그러나 그에게는 엥겔만과의 일이 훨씬 의의가 있었다. 「《논고》는 교만의 소산입니다」「나는 그 책과 몹시 떨어져 버렸습니다. 나는 그 책 속의 매우 많은 공식을 못 알아보게 되었습니다」 그는 학단 사람들에게 「호언장담하여 자만경(自慢鏡)에 자기를 비춰보는 것입니다」라고 충고하였다. 또 「형이상학의 철폐라고요, 무얼 새삼스럽게 빈 학파가 하는 일은 〈보여 주어야 할〉 사항인지 말해야 할 것은 아닙니다.」

그는 학단에서의 강연 때 갑자기 등을 돌리고 인도의 시인 타고르*의 시를 낭송하기도 하였다.

그러나 1928년 빈에서 네덜란드의 수학자, 논리학자인 브로우버**의 강연을 듣고 그는 「이 정도로도 통용된다면 나도 철

---

* Rabindrantah Tagore, 1861~1941
** Luitzen Egbert van Brouwer, 1881~1966

학에서 좀 더 무엇인가 할 수 있을 것 같다」고 느꼈다. 드디어 1929년 그는 친구들의 권유에 따라 케임브리지로 가서 이듬해부터 교수직을 물러나는 1947년까지 강의를 했다. 휴가 때에는 빈으로 돌아와 빈 학단 사람들과 교제를 했으며 《논고》를 해설하기도 하였다.

1930~1932년에 걸쳐서는 주로 수학론에 몰두하였으며 다산적이었다(미간행된 것이 많다).

1933년 어느 날 그는 기차 속에서 이탈리아 경제학자 피에트로 스라파(Pietro Sraffa)를 만났다. 스라파는 케인즈가 「이 사람에게 걸리면 무엇이든지 그의 눈에서 벗어날 수 없다」고 할 만큼 엄격한 안목을 가진 사람이었다(《인물 평전》「맬서스」). 비트겐슈타인이, 명제와 그것이 기술되어 있는 것과는 같은 논리적 형태를 가지고 있다고 주장하자 스라파는 갑자기 턱을 만졌다. 「이것은 어떤가?」라고 스라파는 말했다. 그것은 나폴리 사람 특유의 경멸 몸짓이었다. 몸짓과 그 의미의 구조적 동일성을 끝내 발견하지 못했던 비트겐슈타인은 전부터의 영상 설을 결정적으로 버렸다. 그때 그는 자기를 「모조리 가지를 잘린 나무처럼」느꼈다. 역시 그는 〈불의의 습격〉에 약했다. 그는 다시 소련 이주를 생각하였다. 철학을 포기하고 의사가 되려고 한 것도 이 무렵이었다. 다음 1936~1937년에 걸쳐 노르웨이에서 혼자 살았다.

그 후 재건된 그의 철학은 「세계를 있는 그대로 남겨두고」 언어만을 문제로 하는 것이었다. 그는 언어를 규약에 바탕을 둔 하나의 게임으로 생각하였다. 철학 문제는 규약을 무시하고 언어를 사용하는 것에서부터 생기는 것으로서 〈그것은 그림에 그린 도어)를 열려고 악전고투하고 있는데 뒤쪽 도어는 크게 개방되어 있는 것 같은 것이며 그의 철학은 그러한 미망에서 철학자를 치료하는 것이라는 것이었다. 그는 다시 남의 고통을 어떻게 이해하는가, 사적 언어는 존재하는지 등의 문제에 많은 사색을 하였다. 그의 만년의 철학은 전체로 다른 별로부터의 방문자가 인간의 언어와 씨름하고 있는 인상을 주는 것이었다. 그의 몇몇 비유(Allegory)는 카프카의 만년의 단편을 생각하게 하는 기묘한 명석성이 있다.

재산을 포기한 그는 극히 간소한 〈추상적 생활〉을 보냈고 케임브리지의 대학 생활에 친숙하려 하지 않았다. 지난날 처음 케임브리지를 찾았을 때는 빈틈없는 복장을 한 그는 이제는 낡아빠진 점퍼를 입고 넥타이도 매기 싫어하여 기숙사 식당에도 얼굴을 내밀지 않았다. 철학은 엉터리 추리 소설만도 못하다고 공언하였다. 그는 차츰 생각이 다른 사람과는 교제를 피하게 되었다. 좀처럼 새 제자를 받아들이지 않고 소수의 제자는 그의 영향을 강하게 받아들이지 않고 소수의 제자들은 그의 영향을 강하게 받아 말씨나 몸짓까지 그와 비슷해졌다. 그를 둘러싼 제자와 그사이에는 진정한 대화가 성립되고 있었는지 어떤지는 의문이다. 더욱이 그의 시의심은 나이와 더불어 점점 심해져서 언제나 자기 아이디어를 도둑맞지 않을까 하는 공포를 느끼게 되었다. 이러한 점에서 그의 만년은 뉴턴과 비슷하다. 그러나 그는 뉴턴처럼 자기만족을 하지 못했다. 그는 제자들 앞에서 말문이 막혀 「비트겐슈타인, 비트겐슈타인, 너는 왜 그렇게 바보야!」라든가 「자네들은 형편없는 선생에게 배우고 있는 거야」라고 외치기도 했다. 그는 강의를 반드시 자기 방에서

엘런 섬에서 아일랜드 서해한 골웨이 근교의 곳이 바라보이는 황량한 풍경

했는데 책상과 의자와 캔버스 베드밖에 없는 스산한 방 안 한 가운데에 버티고 서서 홀로 표현을 찾아 고민하는 비트겐슈타인의 모습은 제자들에게 처절한 감명을 주었다. 몇 시간에 걸친 강의가 끝나면 그는 순간적으로 싹싹해져서 제자들에게 「제발 영화 구경 함께 가세」하고 애원하는 것이었다. 그는 맨 앞줄에 앉아 꼼짝도 하지 않고 스크린을 지켜보며 영상과 음이 〈샤워처럼〉 그에게 내리쏟아지면 그에게는 오랫동안 허용되지 않던 망각의 한때가 찾아오는 것이었다.

2차 세계대전 중 그는 대학교수의 신분인 채 병원 운반부나 임상 검사원이 되어 열심히 일하였다. 런던의 과학박물관에서 종일 연기 기관차를 넋 빠져 지켜보는 그의 모습을 볼 수 있었다.

대학교수를 그만둔 후 아일랜드 서해안의 골웨이(Galway) 근교에 있는 돌투성이인 황량한 곳(岬)에 오두막을 빌어 들새를 길들이면서 1년이나 홀로 지냈다. 아주 만년의 그는 끊임없이 내적 학갈 감에 시달리면서 탐구를 계속했는데 위암을 앓고 있다는 것을 안 후에도 변함이 없었다. 마지막 노트 《확실성에 대하여》는 극히 최근에 출판되었다. 그 안에서는 「문장은 결코 틀릴 수 없다. 아무리 황당무계한 문장일지라도—언어 게임의 규칙에 따르고 있는 한—12×12=144라는 수학적 동어반복과 같은 확실성을 가지고 있다」라고 말하고 있다. 그는 세계를 완전히 단념하면서 드디어 언어에서 불확실성을 원리적으로 추방해버린 것일까? 1951년에 그는 죽었다. 노트의 맨 마지막 날짜는 죽기 이틀 전이었다. 그는 평생 독신으로 지냈다.

〈원더풀〉한 생애

같은 분열병권의 과학자이면서도 비트겐슈타인의 생애는 뉴턴 등과는 상당히 다르다. 비트겐슈타인의 체계는 끊임없이 내외로부터의 부정과 붕괴의 위협에 노출되어 있었다. 뉴턴보다도 고독하고 단절된 세계에 살면서 외계와의 거리를 유지하는 것이 한층 어려웠다. 뉴턴은 그 자폐적인 세계 속에서 〈내면의 축제〉에 빠져 외계와 접촉할 때 이따금 위기에 빠진 데 지나지 않지만, 비트겐슈타인의 생애는 끊임없는 위기의 연속이었다. 어떠한 직업도, 어떠한 과학도, 어떠한 땅도 그를 쉽게 해주지는 못했다. 그는 「나는 저주받고 있다」고 거의 진지하게 느끼고 있었다.

그의 생애는 기술이나 예술을 거쳐 수학이나 언어 철학으로 향하는 〈추상 충동〉에 의한 악착같은 추구의 역사였다. 그가 1918년(《논고》를 완성한 해)을 경계로 이 추구과정을 다시 출발점에서부터 반복하고 있는 것에 주목해야 한다. 그러나 또 그의 생애는 끊임없는 내적 긴장을 수반한 둔주의 연속이었다고도 할 수 있다. 원래 그의 방법론은 문제를 해결하는 것이 아니고 문제 자체를 해소하는 것이었다.

「사실은 모든 문제를 과할 뿐 해답을 주지 않는다.」

《논고》, 6-4321)

「사람은 인생의 문제가 소멸한 때 그 문제가 해결된 것을 깨닫는다.」

《논고》, 6-521)

문제를 전개한 채 견디어 때가 성숙하기를 기다려 그것을 해결해 가면서 가는 것이 발전적인 인생이라고 한다면 당연히 그의 생애에는 발전이 없었다고 할 수 있다.

그는 끊임없이 발광의 공포를 안고 있었다. 그가 평생 분열병 발병 직전에 놓여 있었던 것은 사실인 것 같다. 그러나 그는 끝내 견디어냈다. 그 이유의 하나는 그가 자기의 위험성에 대해서 뚜렷한 인식을 가지고 있었다는 것일 것이다.

「2층에 올라가서 사닥다리를 떼어 낸 상태」, 「내가 앉아 있는 나뭇가지를 잘라낸다」, 「파리통에 갇힌 파리」, 「같은 신문을 몇 부씩이나 사서 보면 기사의 확실성이 늘었다고 생각하는 자」 등 인간이 놓여 있는 상황을 날카로운 직관적 비유로 포착하는 능력이 있어서 그것을 자기 인식도 적용하였다.

또한, 그는 끊임없이 한계를 넘으려는 지성에 대한 경계심을 갖고 있었다.

> 「칸토르*는 수학자가 환상 속에서 모든 한계를 초원할 수 있는 것은 얼마나 멋진 일일까 라고 쓰고 있다. 이 매력이 사람을 수학으로 쏠리게 한다는 것은 안다. 이 매력이 사람을 수학으로 쏠리게 한다는 것은 안다. 그러나 나는 증명 따위에는 매력을 느끼지 않는다. 오히려 싫다」

> (1938년 여름의 강의 노트)

라는 의미의 말을 제자에게 하였다. 반대로 그는 철학이란 지성의 탐닉에 대한 싸움이라고 생각하고 있었다. 그리고 내면의 위기가 높아지면 정원사나 운반부 등의 단적인 육체노동을 선택하였다. 그는 실로 옳은 의미에서의 〈작업 요법〉을 스스로에게 과했던 것이다.

> 「어떤 시대의 병은 인간이 생활 방법을 바꾸면 낫고, 철학적 문제의 병은 사고방식과 생활 방법을 바꾸면 낫는다. 개인이 발견한 약으로는 낫지 않는다」

> 《수학의 기초에 관한 고찰》**, 1956)

이 생각을 그는 자신의 정신 요법에 적용하고 있다. 사족이기는 하지만 집합론의 창시자 칸토르에게는 자기의 위기에 대한 조심이 없었고 분열병이 발병하였다.

그는 죽음이 가까워졌다는 것을 알았을 때 "Good!"이라고 외쳤다. 의식을 잃기 전 곁에 혼자 있었던 의사의 아내에게 「저 사람에게 나의 생애는 원더풀한 것이었다고 말해 주시오」라고 말했다. 제자 폰 라이트는 비트겐슈타인의 생애가 극히 불행했던 것을 생각하여 이 마지막 말은 감동적이기는 하지만

---

* Georg Cantor, 1845~1918
** Bemerkungen über die Grundlagen der Mathematik

이해할 수 없다고 말하고 있다. 그러나 그가 끊임없이 발병의 위기에 처했으면서도 평생 견뎌내어 반드시 허무하기만 하지도 않은 발자국을 이 세상에 남겼다는 것은 참으로 경탄할 만한 원더풀한 일이다. 우리 정신과 의사에게도 그것은 훌륭한 기적적인 원더풀한 일이다. 이것은 단순히 뛰어난 지성의 소유자라는 것뿐 아니라 지성의 탐닉에 저항하고 지성의 우상 숭배를 평생 거부할 수 있을 만큼 강인한 지성의 소유자로서 비로소 가능한 길이었다.

비트겐슈타인의 생애

나이	0			10	고층기상대		20				
년도	1889			1899			1909				
하는 일	자택에서 가정 교사에게 배움		린츠 실업고등학생		베를린 공과대학생	맨체스터 대학생	케임브리지 대학생		노르웨이	오스트리아 육군 포병	
사건		세 형의 자살			●볼츠만 사망		●러셀과 만나다	●부친 사망, 유산 포기	●제1차 세계대전 발발	●갈리시아 회의	●브루실로프 공세
저작·노트								논리학 노트		〈일기〉 1914~16	
정신적 위기								아이슬란드	노르웨이	노르웨이	

흥미

	기계 종교 예술 심리학 수학 철학 아동심리학					
		모형제작	연, 제트엔진		포병공착창	
		김나지움(고등학교)시대의 종교 심취				
		클라리넷, 지휘				
			음악심리실험			
		응용수학에서 수학기초론으로				
		쇼펜하우어				

30	40	50	60	62
1919	1929	1939	1949	1951

이탈리아군 포로 · 교원양성소 · 시골초등학교 교사 · 수도원의 정원사 · 케임브리지 대학 교수 · 펠로 · 병원 운반부 · 임상 검사원

● 엥겔만과 만나다 ● 유산 포기 ● 세계공황 ● 빈 학단과의 교섭 ● 세계공황 만연 ● 제2차대전 발발 ● 공직 일절사퇴 ● 오래된 노트류 파기

프로토트락투스 〈논리철학 논고〉 〈초등학교 아동의 낱말집〉 〈철학각서〉 〈철학문법〉 〈푸른 책〉 〈갈색 책〉 〈수학기초론〉 〈철학탐구〉 〈확실성에 대하여〉

정원사 · 노르웨이 · 정원사 · 건축 · 조각 · 노르웨이 · 운반부 · 임상 검사원 · 노르웨이 · 아일랜드 · 빈

1916년의 회심과 그 여파
건축, 조각
프로이트 연구
수학기초론, "게임으로서의 수학" 등
논리철학   일상언어철학
초등학교 아동의 어학

참고 문헌

L. Wittgenstein, Tractatus Logico-Philosophicus, London: Routledge, 1922.

L. Wittgenstein, Notebooks 1914~1916, Oxford: Basil Blackwell, 1961.

L. Wittgenstein, The Blue and Brown Books, New York: Harper, 1965.

L. Wittgenstein, Lectures and Conversations on AEsthetics, Phsychology and Religious Belief, Basil Balckwell, 1966.

L. Wittgenstein, Ludwig Wittgenstein und der Wiener Kreis, Shorthand notes recorded by F. Waismann, Basil Balckwell, 1967.

L. Wittgenstein, Remark on the Foundations of Mathematics, Basil Blackwell, 1967.

L. Wittgenstein, Philosophische Undersuchungen, Frankfurt am Main: Suhrkamp, 1967.

P. Engelmann, Letters from Ludwig Wittgenstein with a Menoir, Basil Blackwell, 1967.

L. Wittgenstein, Philosophische Grammatik, Basil Blackwell, 1969.

L. Wittgenstein,, Briefe an Ludwig von Ficker, Salzburg: Otto Müller VBerlag, 1969 (W. Methlogl, Erläuterungenzur Beziehung zwischen Ludwig Wittgenstein und Ludwig von Ficker 및 G. H. von Wright, Die Entstehung des Tractatus logicophilosophicus)

L. Wittgenstein, Über GewiBheit, Suhrkamp, 1970.

J. Passmore, A Hundred Years of Philosophy, London: Dickworth, 1957.

I. Bachmann, Gedichte, Erzählungen, Hörspiel, Essays, München: Piper Verlag, 1964 (부록: 추도기).

B. Russell, The Autobiography of Bertrand Russell, 3 vol,

London: Allen and Unwin, 1967~69.

N. Malcolm, P. F. Strawson, N. Garuer, S. Cavel, Uber Wittgenstein, Suhrkamp, 1968.

P. Winch, ed., Studies in the Philosophy of Wittgenstein, London: Routledge and Kegan Paul, 1969.

K. Conrad, Die beginnende Schizophrenie, Stuttgart: Georg Thieme, 1958.

B. Russel, Portraits from Memory, London: Allen and Unwin, 1956.

B. Russel, My philosophical Development, Allen and Unwin, 1959.

J. Hartnack, Wittgenstein and Modern Philosophy, New York: N. Y. U. P., 1965.

W. Worringer, Abstraction and Empathy, Bllomington: Indiana U. P., 1963.

A. J. Ayer, Language, Truth, Logic, London: Gallancz, 1946.

H. Proincaré, Science et méthode, Paris, 1908.

J. M. Keynes, Essays in Biography, New York: Norton, 1963.

末木剛博, 《ウィトゲンシユタイン》, 有斐閣, 1959.

哲學會編, 《ウィトゲンシユタイン研究》, 有斐閣, 1968.

末木剛博編, 《分析哲學》, 《現代の哲學》III, 有斐閣, 1958.

安永浩, 「境界例の背景」, 《精神醫學》, 第12卷, 第60號, 醫學書院, 1970.

사진 출처

1. Ludwig Wittgenstein(1899~1951). Austrian National Library, Accession number Pf 42. 805: C (1), by Moritz nähr(1859~1945)

2. Inishbofin, Galway, Ireland. Landscape 00. Photo d'Alvaro, 2006-08-06

5. 닐스 보어

Niels Bohr
1885~1962

보어의 세계관

물리학자는 모두 뉴턴이나 아인슈타인처럼 세계를 초탈한 시점에 서서 자기 완결적인 완벽한 체계의 구축을 지향한 사람만은 아니다. 바로 대조적인 사람이 덴마크의 이론 물리학자, 〈양자 역학의 아버지〉 닐스 보어이다.

20세기 전반의 양자 역학의 주류를 형성한 것은 보어를 중심으로 한 소위 〈코펜하겐 학파〉였다. 그 물리학적 사상은 극히 특징적이어서 굳이 말한다면 매우 〈인간미가 풍기는〉 것이었다. 양자 역학의 대상은 말할 것도 없이 원자나 전자 등 미크로(Micro)의 세계이다. 그러나 그들에 의하면 단순히 미크로의 세계라고만 해서는 인식론적으로 옳지 못하다. 양자 역학의 대상으로 할 수 있는 것은 마크로(Macro)의 세계(관측자, 즉 인간)로부터 감각 기관을 포함하는 관측기기를 통해서 본 한에 있어서의 미크로의 세계, 이를테면 괄호 붙은 미크로의 세계였다.

미크로의 세계 자체를 문제로 하는 것은 원리적으로 불가능하다. 왜냐하면 인식은 마크로의 세계에 사는 인간에 의한 관측, 실험이라는 행위와 떼놓을 수 없는 것이며 관측 결과는 관측이라는 인식 행위와 각인을 받지 않을 수 없기 때문이다. 입자성과 파동성 사이의 〈상보성 원리(相補性原理, Complementarity Principle, 보어)〉나 입자의 속도와 위치에 관한 〈불확정성 원리(不確定性原理, Uncertainty Principle, 하이젠베르크*)〉는 이 세계관에 의해서 발견되고 수용되었고 이 세계관을 더욱 강화했다.

상보성 원리는 미크로의 세계의 입자, 예를 들면 전자가 때로는 입자, 때로는 파동으로서 고찰되지 않으면 안 된다는 모순을 해결하기 위해서 세워진 것이다. 그것에 의하면 전자가 입자성을 나타내는지 파동성을 나타내는지는 전자가 무엇과 상호 작용을 하는가에 의해, 즉 전자가 놓여 있는 〈상황〉에 의해 결정된다. 전자 자체가 어떠한지 라는 물음은 의미를 갖지 못한다. 전자를 관측하는 것은 전자를 어떤 관측 정치와 상호 작용시키는 것, 즉 전자를 하나의 상황 속에 두는 것이기 때문이다.

불확정성 원리란 미크로의 세계의 입자, 예를 들면 전자의 속도와 위치를 동시에 둘 다 정확하게 측정할 수 없다는 것을 말한 것이다. 관측하기 위해서 가한 조작은 전자의 위치 또는 운동량(속도)을 크게 변화시킨다. 따라서 위치를 정확하게 알려고 하면 운동량의 관측이 희생되고 운동량을 위해서는 위치가 희생된다. 하이젠베르크는 위치의 오차와 운동량의 오차가 일정 값보다 작아질 수 없다. 즉 한쪽의 오차를 1/2로 하려고 하

---

* Werner Karl Heisenberg, 1901~1976

면 다른 쪽의 오차가 2배가 되는 것을 증명했다.

이것들은 관측의 이론인 동시에 미크로의 세계에서의 법칙성이다. 보어에게는 이 법칙들이 내포하는 철학적 의미는 커다란 감정적 만족을 주는 것이었다. 그는 그것들을 양자 역학 또는 물리학의 테두리를 넘어선 일반적인 시점에까지 전재하려고 하였다.

이 보어의 세계관은 멀리 양자 역학의 확립 훨씬 이전 그가 물리학과 철학 사이를 방황하고 있던 학생 시절에 배태되었다. 그의 제자 오게 페터센(Aage Petersen)에 의하면 보어의 석사 논문은 원래 철학 논문으로서 기획된 것이었다. 그 속에서 그는 주체와 객체를 서로 대립하는 것으로서가 아니고 하나의 연속체로서 포착하고 둘의 분할 점은 고정된 것은 아니라고 생각하고 수학적으로 표현하려고 하였다. 이것은 바로 관측의 대상을 항상 관측자와의 경계가 고정된 것이 아니라는 코펜하겐 학파의 생각이다. 후에 보어는 이 사고방식을 시각장애인이 지팡이라는 관측 장치에 의지해서 지면의 요철을 인식하면서 걸어가는 경우에 비유하였다. 지팡이를 단단히 쥐고 있을 때 지팡이는 손의 연장이며 관측자에 속한다. 그러나 지팡이를 느슨하게 쥔다면 지팡이는 지면의 요철 연장이 되고 관측 대상의 일부가 되는 것이다. 이 사상의 수학적 표현은 훨씬 후에 폰 노이만*이 양자 역학을 엄밀한 수학적 기초 위에 세웠을 때 비로소 달성되었다. 그러나 이것들과 같은 발상을 보어는 이미 물리학으로 나가기 전에 구성하고 있었다. 이 세계관이 「물리학이란 주관에서 독립한 객관적 실재를 다루는 학문이다」라는

---

* Johann Ludwig von Neumann, 1903~1957

통념과 모순되는 것으로 생각한 사람들은 보어의 사상을 〈코펜하겐의 안개〉라고 불러 현혹되지 말라고 경고하였다.

보어의 사상적 출발점은 「인간은 자연 일부이다」라는 한계성의 의식이다. 그는 뉴턴처럼 이 한계의 초월을 지향하지 않고 반대로 한계성에 투철하려고 하였다. 아인슈타인이 「물리학이란 실재를 개념적으로 파악하려고 하는 기도이다」라고 정의한 것과 반대로 보어는 물리학의 임무가 「자연이 어떻게 존재하는지」를 발견하는 것으로 생각하는 것은 잘못이며, 물리학은 자연에 대해서 우리가 무엇을 말할 수 있는가에 관한 것이라고 하였다. 또 아인슈타인에게는 「자아로부터 어느 정도까지 어떠한 의미로 가기를 해방」하고 신의 눈에 접근하는가가 문제였던 것과 대조적으로 보어는 원래 자연의 일부인 인간, 자연과 이어진 인간이 자연을 인식하려는 것 자체가 역설적이라고 하였다. 이렇게 생각한다면 인식 과정에 나타나는 모순이나 역리(逆理)는 바로 사태의 구조 그것이며 오히려 이것들이야말로 인식을 진행하는 단서라고 볼 수 있을 것이다. 같은 이유로 이론의 불완전성이나 일시성도 이상한 일은 아니다. 이를테면 강한 한계성의 의식이 인과율, 연속성의 개념이나 이론의 정합성(整合性) 등에의 고집으로부터 정신을 해방하는 계기가 된다. 이 역설적 사태가 양자 역학의 이 단계에서 가장 창조적인 지적 해방을 준비했다.

이 의식 아래 보어는 어디까지나 당면 문제, 특히 실험적 패러독스로부터 출발하여 귀납적으로 당면 문제를 해결하는 법칙을 발견하려 하였다. 경험론적이며 개변(改變), 진보를 예상하고 일시적 또는 불완전한 것을 꺼리지 않았다. 수학적으로 엄밀한 기초 작업은 자주 뒤로 미루어졌다.

　「보어에게는 수학적 명석성은 아무 효험이 없었다. 보어는 형식적인 수
학 구조가 그 문제의 물리학적 핵심을 덮어버릴지도 모른다고 두려워하고
있었다」

(하이젠베르크·로젠펠트편, 《닐스 보어》)

　아인슈타인 같은 기질의 사람에게는 보어의 주장은 극히 짜
증 나는 것이었던 것 같다. 아인슈타인과 보어와의 오랫동안에
걸친 유명한 논쟁은 코펜하겐 학파적인 사고방식이 아인슈타인
에게는 궁극적으로 받아들이기 어려운 것이었음을 가리키고 있
다. 아인슈타인은 당면의 실험적 사실을 설명하기 위해서 연속
성이나 인과성의 개념을 버리는 것은 성미에 맞지 않았다. 법
칙이 알려지면 모든 작용은 예지 되어야 한다고 하는 아인슈
타인은 양자 역학의 통계적, 확률적 성격은 이 학문이 불완전
하기 때문이라고 하였다. 「신이 주사위 놀이를 한다고 생각할
수 없다」는 것이 그의 감상이었다. 아인슈타인은 「불확정성 원
리」를 끝내 받아들이지 않았다. 그는 거듭 기묘한 사고 실험을
제출하여 어떻게든지 위치와 속도를 동시에 결정할 수 있다는
것을 보여주려고 했다. 많은 물리학자는 이것을 반대를 위한
반대라고 생각하여 「지적 불성실」의 낙인을 아인슈타인에게 찍
으려고까지 하였다. 그러나 문제는 그런데 있는 것이 아니었
다. 아인슈타인에게는 우선 정합적인 전체로서의 세계가 출발
점이었으며, 보어는 세계 속에 있는 인간이 출발점이었다. 아
인슈타인에게 중요한 것은 법칙이 세계를 남김없이 비치는 것
이었으며, 보어에게는 반드시 그래야만 하는 것이 아니고 입자
성이 겉으로 나타날 때 파동성이 숨겨지는 것은 그를 괴롭히

168

지 않았다.

보어의 사상은 직접적으로는 자기 나라 출신의 철학자 키에르케고르* 등에 유래한다고 한다. 키에로케고르는 인간이 세상을 초월한 입장에 설수 있다는 환상을 엄격하게 비판한 반 헤겔 주의자였다. 그러나 보어는 이것을 수리적으로 받아들인 것이 아니고 청년기에 흔히 있듯이 타인 속에 먼저 자기 사상의 표현을 발견한 것이다. 이 사상에 경도한 그의 청년기는 나중에 말하듯이 자기 부전감, 양심성, 경계 내 정체성 등의 성격 특징이 가장 강하게 그를 지배한 시기였고 한계성의 의식에 바탕을 둔 그의 세계관은 기질에 뿌리박은 강한 내적 욕구에 지탱된 것이었다. 본래 양자 역학이 다른 사람의 손에서라면 어떻게 만들어졌을지는 답이 없는 물음이겠지만 현실적으로 그가 양자 역학을 가장 풍요하게 개화시킨 역사적 사실에서 기질과 과학의 훌륭한 상봉을 보아도 되지 않을까?

유소년 시절

보어는 2대째 계속된 교수 집안의 장남으로 태어났다. 아버지는 당시 코펜하겐 대학의 생리학 교수였고 어머니는 유대계 은행가의 딸이었는데 아버지의 옛 제자여서, 가족에게는 아버지의 개성이 군림하였고 가정은 아버지의 친구들이 모여드는 개방적인 지적 살롱이었다. 보어는 두 살 아래의 동생 하랄드**와 더불어 덴마크의 지적 엘리트가 될 것으로 주위에서 기대되

* Soren Kierkegaard, 1813~1855
** Harald, 1887~1951

어린 시절의 보어 형제

었다. 그밖에 누이 예니(Jenny)가 있었다. 부모는 수용적인 인물이었지만 가족적 전통의 입장을 아이들의 행복보다 먼저 여기는, 아이들에게는 어딘가 비호감이 모자라는 가정이었던 것 같다. 하랄드 쪽이 똑똑하다고 알려졌으나 아버지는 닐스를 중시해서 「가족 중의 특별한 녀석」이라 하여 기대도 걸고 여러 가지를 가르쳤다.

　이러한 가정에서 두 형제는 주위의 과대한 기대에 정면에서 보답하지 못하고 오히려 두드러지지 않는 존재였다.

　　「이 형제의 어린 시절에는 이런 못난 두 아이를 가진 어머니에게 친구들이 동정했습니다」

　　　　　　　　　　　　　　　　　(위너가 전하는 코펜하겐 노부인의 말)

그리고 일찍부터 둘은 쌍둥이처럼 저희만의 〈오붓한〉 세계를 만들었다.

둘은 무엇을 하든 함께 행동하여 「분할 불능의 닐스, 하랄드」로 불렸다. 과자나 빵 하나를 받은 닐스는 동생에게 나누어 주기 위해 오후 내내 동생 이름을 불러댄 일이 있었다. 동생 쪽이 민첩하여 상식과 위트가 있고 완력도 세어 형제 다툼에서 이기는 것은 언제나 동생이었다. 형 닐스는 우직하며 융통성이 없고 동생에게 지면서도 언제나 심리적으로 동생에게 의존하고 있었다. 예를 들면 초등학교에 들어갈 때 닐스는 동생과 같이 갈 수 없다는 것과 학교에서 만든 공작품을 동생에게 갖다 주지 못하는 것을 몹시 슬퍼하기도 하였다.

그들은 아버지의 서재에 모이는 교수들의 지적 대화에 언제나 둘이서 귀를 기울이면서 성장하였다. 김나지움에 들어가자 둘은 차츰 두각을 나타내었고 특히 닐스는 수학과 물리학에 틀림없는 재능을 보이기 시작하였다. 닐스의 정신의 템포는 이때 벌써 후년처럼 다른 사람보다 빨랐고 물리학 문제를 풀 때 등은 흑판 지우개로 지우는 것조차 갑갑하다고 옷소매나 손가락으로 지워가면서 새 기호나 숫자를 써 갔다고 한다. 그러나 작문은 못해서 도입부와 결론을 쓰지 못했다. 이것은 후년 그의 논문이 도입부도 없이 갑자기 지금까지의 연구의 전망에서부터 시작하여 끝에서도 흔히 결론을 빠뜨려 새로운 문제를 제시한 채 그대로 끝내 버리는 것과 똑 같았으며 평생을 통한 그의 사고의 패턴을 여실히 보여주고 있다.

두 형제의 휴식처는 교외의 네름고르에 있는 외가의 별장이었다. 거기는 외할머니가 있어서 엄한 아버지는 사탕을 못 먹도록 금해도 손자들이 귀여운 외할머니는 「그 애들에게는 꼭 필요하겠지」라고 말했다.

클럽 〈에클립티카〉의 세계

두 형제는 가족이 기대한 대로 잇달아 코펜하겐 대학에 들어가 형은 물리학을, 동생은 수학을 택하였다.

두 형제의 오붓한 사이는 여기서도 계속되어 아버지의 친구인 철학 교수 회프딩* 밑에 모이는 멤버 12명의 폐쇄적인 토론 클럽 〈에클립티카〉**의 멤버 사이의 짙은 우정으로 확대되어 갔다. 이 우정은 평생 계속되었다. 공동 요트를 소유하여 만년까지 크루징(Crusing)을 즐기거나 돌로 물을 자르는 놀이에 흥겨워하였다. 이 〈에클립티카〉의 모임에서 마저 보어 형제는 둘만이 토론에 열중하는 일이 많았고 다른 멤버들은 끼어들지 못했다. 둘이 서로 떨어져 있을 때는 편지 왕래가 빈번하여 때로는 하루 3통씩이나 썼다. 닐스는 동생에게 너무 의존함을 자각하여 부끄러워하였으며 「좀 주책없는 짓」이라고 생각했다.

무슨 일에든지 리드하는 쪽은 여전히 동생이었다. 석사 논문의 완성도, 유학도, 학위 취득도 동생이 앞질렀다. 둘 다 대학에서는 축구 선수였으나 동생은 하프백으로 1908년의 런던 올림픽에서 은메달 수상자가 되었는데 형은 보결이었다.

그러나 닐스 쪽이 아버지의 서재의 분위기에 더 깊이 영향을 받았다고 말할 수 있을 것 같다. 아버지는 회프딩 교수와 물리

---

* Harald Hoffding, 1843~1931
** Ecliptica, 황도(黃道)의 뜻

학의 크리스찬센(C. Christiansen) 교수와 특히 친했다. 아버지를 포함한 이 세 사람으로부터 닐스는 문제 제기의 중요성, 인식론, 이원론, 양심의 문제 등후에 그의 학문의 골격이 된 것을 배웠다.

「사상은 인간에 의해서 생각되기보다 먼저 존재했던가?」 등 코펜하겐 학파의 사상의 싹도 이 시기에 텄다. 또 크리스찬센 교수의 지도 아래 그는 독일의 이론 물리학, 특히 파동 문제를 중시하는 경향과 영국의 실험 물리학, 특히 원자에 관한 업적을 결합해 차츰 자신의 방향을 정해 갔다.

이 시기에 보어에게는 주목할 만한 성격 특징이 나타난다. 열중성, 철저성, 너무 작은 일에까지 구애된다고 할 만한 꼼꼼성 등이 그것이다. 편지 하나 쓰는 데에도 몇 번이나 초고를 고려 썼다. 그 초고도 남이 보면 완성된 것으로 보일만 한 것이었다. 동생은 형에게 고통스러운 노력을 강요하게 되는 것을 두려워하여 형에게 한 편지 끝에는 「답장 불요」라고 쓰거나 「어머님께 답장을 얻어주오」라고 적기도 하였다. 보어의 편지에는 편지라고는 생각할 수 없을 만큼 많은 괄호와 주가 달렸다. 하물며 논문은 만년에 이르기까지 퇴고에 퇴고를 거듭하여 그때마다 수식이나 주석이 늘어나 한이 없었다. 그의 논문은 남의 눈에는 언제나 너무 길게 보였지만 그에게는 그래도 너무 짧았다. 이 유명한 〈보어적 철저성〉의 바닥에는 완전을 추구해 마지않는 높은 자기 요구와 그 뒤에 숨겨진 채원질 수 없는 부전감이 있다. 그 결과 스스로 비약을 허용하지 않는 경계 내 정체성이나 양심성이 나타나 끝없는 노력으로 그를 몰고 갔다. 이것들은 근년에 와서 울병의 소지로서 특히 주목되고 있는

〈집착 성격〉또 그것과 상통하는 점이 많은 〈멜랑 콜리형(텔렌 바흐)〉의 특징이다.

이러한 성격 특징의 현재화(顯在化)는 그 시기로 보아 아버지를 대표로 한 주위의 기대를 떠맡으려는 결의와 무관하지는 않을 것이다. 권위적인 외부의 기대는 내면에 섭취되어 양심으로 화하고, 도달하기 어려운 자기 긍정을 향해서 그를 몰아세웠다. 이를테면 그는 아버지의 눈으로서 자기를 규정하였다. 같은 꼼꼼하기, 부전감, 완벽한 추구라 하더라도 강박 성격자의 경우에는 자기 내면의 불확실성을 보상하고 은폐하기 위한 것이며, 분열병원의 사람에게 있어서는 반은 외계에 대한 방위, 반은 환상적으로 고조된 나르시스적 자기상에 합치하려 하는 노력에 의한 것이다. 모두가 내면적, 외면적 권위에 답책하려는 조울병권에 있는 사람과는 자연히 의미를 달리하는 것이다.

그의 학자로서의 데뷔 시기에는 아버지의 영향력이 매우 컸다. 1905년 덴마크 과학 아카데미의 현상 논문 「액체의 표면 장력」에 응모한 것도 아버지의 허가를 받고 난 뒤였으며 실험은 전적으로 아버지의 연구실에서 했다.

일을 시작하자 보어의 집착 성격이 노출되었다. 아주 정밀한 측정을 목표로 삼고 유리관의 단면을 일일이 현미경으로 조사하였다. 더구나 그의 눈으로 볼 때 꼭 측정해야할 양이 자꾸 나타나 어디선가 중단하지 않는 한 논문을 쓸 수 없는 지경에 다다랐다. 보다 못한 아버지가 적당한 곳에서 실험을 그만두게 하고 재촉하여 정정할 틈을 주지 않게 하여 겨우 논문했다. 이 논문은 금상을 획득하였고 이듬해 영국 왕립 학회의 기관지 《필로소피컬 트랜색션즈(Philosophical Transactions)》에 게재되었다. 그 속에는 35년 후 핵에너지 연구의 단서마저 숨어 있었다고도 하는데 그는 그래도 만족하지 못했다.

그의 석사 논문은 로렌츠*의 논문을 비판적으로 파고들었고, 박사 논문은 금속 전자론에 도전하였다. 1910년 〈보어적 철저성〉의 대표라고 일컬어지는 학위 논문 「금속 전자론」이 드디어 완성되었다. 수많은 문헌을 망라하고 인용과 주석으로 가득 찬 것이었다. 이 논문은 심사 위원의 이해를 넘어선 것이었으므로 표현을 칭찬받은 것만으로 심사를 통과하였다. 이젠 덴마크에서 그를 지도할 수 있는 사람은 없다는 것이 분명해졌다. 동생도 이미 괴팅겐(Göttingen)으로 떠났고 영원히 계속될 것으로 보였던 〈에클립티카〉의 짙은 우정의 세계로부터도 모두 제 나름대로 길을 찾아 떠나고 있었다. 더욱이 학위 심사 조금 전에 아버지가 세상을 떠났다. 그는 모든 의미에서 자신의 길을 향해 출발한 것을 재촉받고 있었다. 우정의 세계를 오래도록 영속시키려는 듯이 그는 친구의 누이와 약혼한 다음 영국으로 떠났다.

〈러더퍼드 공간〉과의 만남

보어의 집 안에 있어서 유학은 초등학교에 들어가는 것과 마찬가지였고 당연한 일이었다. 그는 겨우 보어 집안의 성원으로서의 기준에 도달한 데 불과하였다. 영국을 선택한 것은 죽은 아버지의 친영국적 사상, 영국 취미에 꽤 좌우되었던 결과였다. 어구나 유학한 곳은 아버지와 면식이 있었던 케임브리지 대학

---

* Hendrik Antoon Lorentz, 1853~1928

의 J. J. 톰슨* 밑이었다. 보어의 사회적 자립에는 아버지의 그림자가 상당히 짙게 나타나 있다. 톰슨은 당시 물리학계의 원로였다. 첫 대면을 톰슨의 연구에 대한 오류를 지적하는 것으로써 시작한 보어에게는 아버지를 대하는 것 같은 긴장과 그 뒤에 숨은 응석이 있었던 것 같다. 보어는 따뜻하게 맞아 주었다고 믿었다. 실은 톰슨은 그를 가볍게 보아 넘겼다. 그가 갖고 온 「금속 전자론」은 읽지도 않고 서류더미 밑에 깔아 놓고 말았다. 보어는 케임브리지의 전통에 따라 유리 세공을 배우는 일부터 시작해야 했고 그것을 익힌 후에도 실험은 지지부진하였다. 더구나 이 실험으로부터는 아무런 결과도 얻지 못했다. 톰슨은 「금속 전자로」을 마지못해 잡지에 소개해 주었으나 편집자는 그것을 반으로 줄이기를 희망했고 그는 도저히 타협하지 않아 끝끝내 논문은 출판되지 못하였다.

「지금 와서 보면 이것은 모든 전자론의 연구자에게 심각한 손실이었다」

(로젠펠트 및 루딩거)

보어는 이 시기에 얼마간 울적 기분의 침체를 경험한 것 같다. 자주 덴마크를 그리워하며 고독을 호소했다. 그의 정신적 역동은 자연 과거로 향했고 어릴 적을 회상하며 특히 아버지의 추억을 더듬는 편지를 약혼자에게 써 보냈다. 이 희망 상실 상태에서 회복하는 계기가 된 것은 뉴질랜드 출신의 물리학자 러더퍼드**와의 상봉이었다. 1911년 크리스마스에 케임브리지를 방문한 러더퍼드는 높은 웃음소리를 천정까지 울리는 양성적인 사람이었다. 보어는 한 눈에 좋아졌다. 이해 러더퍼드는 알파

---

* Sir. Joseph John Thomson, 1856~1940
** Ernest Rutherford, 1871~1937

(α)선의 산란으로부터 추정한 원자 구조의 모델을 발표하였으며 보어는 그 얘기를 듣고 이런 사람 밑에서 일하고 싶다고 생각하였다. 그러나 이 희망을 실행으로 옮길 용기가 나지 않아 영국에 올 예정인 동생을 기다렸다. 동생의 지지를 얻은 그는 겨우 아버지 친구의 소개로 그와 만날 수 있었다. 러더퍼드는 당장 보어의 자질을 알아내고 자기 연구실로 초빙하였다. 그래도 보어는 케임브리지를 떠나는 깃이 고국의 지기들의 신뢰를 잃는 것이 아닐까 걱정하고 망설였다.

1912년 봄부터 맨체스터로 옮긴 보어는 「러더퍼드 자신보다도 진지하게」 러더퍼드의 원자 모형을 연구하기 시작하였다. 그해 여름에는 러더퍼드의 원자 모형에 플랑크*의 양자 가설을 적용하여 주기율이나 화학 결합을 원자 구조로 설명하는 획기적인 구상을 완성하고 러더퍼드에게 설명하기도 하였다. 그 다음다음날 그는 기쁨에 넘쳐 고국으로 돌아와 결혼하였다. 두 사람은 곧 노르웨이로 떠나 거기서 그는 불과 며칠 동안에 첫째 논문을 아내에게 구술시켰다. 허니문은 논문의 원고를 휴대하고 러더퍼드에게로 가는 여행이었다. 이러한 단기간에 있어서의 창조성의 해방과 빠른 작업 속도 배후에는 가벼운 조적(躁的)인 고조 상태가 있었던 것 같다. 그해 가을 그는 고국으로 돌아와 앞의 구상에 바탕을 둔 보어 원자 모형을 완성하고 1913년에 「양자 역학 3부작」으로서 발표하였다.

이런 창조성의 폭발은 왜 러더퍼드와의 상봉이 계기가 되어 일어났을까? 아마도 러더퍼드가 이 청년의 재능뿐만 아니라 성격마저 간파하여 그를 격려하는 방법을 알고 있는 사람이었기

---

* Max Planck, 1858~1947

때문일 것이다. 러더퍼드는 언제나 보어의 이야기를 참을성 있
게 잘 들어주고 비판을 가하면서도 전체적으로는 수용과 인정
과 지지를 보냈다. 연구 중의 어떤 시기에는 보어의 초조감을
달래며 「발표를 서둘지 말도록」 휴식을 권고하기도 하였다. 이
것은 바로 일찍이 대학 시절에 아버지가 한 역할이다.

　보어의 「양자 역학 3부작」은 그의 버릇대로 간결성과는 거리
가 멀었다. 러더퍼드가 단축하도록 권하는 편지를 코펜하겐의
보어에게 보내자 보어는 불안하게 생각하고 곧 바다를 건너 맨
체스터로 가서 매일 저녁 러더퍼드와 만나 토론을 거듭하였다.
그 결과 보어는 불과 두세 군데의 단어의 수정에 응했을 뿐이
었다. 논의가 끝났을 때 러더퍼드는 보어의 어깨를 두드리며
「자네가 이처럼 완고하리라고는 생각 못 했네」하고 웃었다. 논
문은 원문대로, 그러나 너무 길기 때문에 세 번에 나누어 《필
로소피컬 트랜색션즈》에 게재되었다. 러더퍼드는 이때의 일을
〈보어와 간결성과의 싸움〉이라 부르면서 두고두고 얘깃거리로
삼았다. 보어도 후에 「러더퍼드의 인내는 천사처럼 숭고했다」
고 회상하고 있다. 여기에도 보어의 숨겨진 응석이 있지만 러
더퍼드는 톰슨처럼 이것을 거부하지도 않고, 그렇다고 영합하
지도 않고 수용할 수 있는 인물이었다.

　그러나 러더퍼드는 단지 보어 개인에 대해서만 수용적이었던
것은 아니다. 그에게는 수용적인 〈공간〉을 만들어내는 능력이
있었다. 그의 연구실은 대체로 상아탑과는 거리가 먼 것이었다.

　「보어는 거기서 연구소란 전 세계의 학자가 한 사람의 학자 주위에 모여
그 한 사람이 전원이 될 수 있는 대로 진보할 수 있게 격려하는 곳이며,
가장 자유로운 연구와 토론을 하는 곳이라는 알았다. 거기에는 친구와 동료

사이의 웃음과 농담과 즐거움이 있었다」

(무어)

그 속에서 보어는 혼자서 연구를 진행할 때 나타나는 부전감이나 경계 내 정체성으로부터 구제된 것이다.

또 결혼도 이 시기의 창조성의 해방과 관련이 깊다. 러더퍼드가 자부였다고 한다면 아내 마르가레테(Margarethe)는 보어 어머니의 모습을 비친 여인이었다. 수학자의 누이로서 학자 세계를 잘 알고 있던 그녀는 보어의 일을 돕고 일생 반려이자 비서 역이었다. 그녀는 보어의 원고를 정서하고 편지를 대필하면 보어를 집필시의 집착 성격적 고민에서 구하였다. 그녀는 끝내 물리학에 상당한 이해를 보이게까지 되었다.

〈보어 공간〉의 창조

1916년 보어는 맨체스터 대학의 강사를 사임하고 31살에 코펜하겐 대학의 교수로 취임하였다. 고국은 열광적으로 그를 맞이하였고, 이듬해 그를 소장으로 하는 이론 물리학 연구소의 건설이 결정되어 기금 모집이 시작되었다. 그의 새 이론은 차음 학계에 침투되어 갔다. 또 1917년 이래 연년생으로 세 아이가 출생하였다. 이리하여 이 시기에는 세속적 성공과 가정적 안정이 동시에 찾아왔다.

그러나 이때 보어를 몹시 난처하게 하는 사태가 일어났다. 1918년 러더퍼드가 그에게 교수 자리를 마련하여 맨체스터로 초빙하였다. 2년 전에는 그가 갈망하던 지위였다. 그러나 지금 응한다면 그를 위해서 기금을 모으고 있는 덴마크 국민에의 망

블라이담스바이 거리에서 본 연구소. 가운데 건물이 이론 물리학 연구소 본관, 왼쪽 건물이 수학연구소

언과 배신을 범하게 될지 몰랐다. 결단을 내리지 못한 그는 아내와 더불어 동생에게 달려가 한밤중까지 상의하여 겨우 거절하기로 하였다. 러더퍼드는 단념하지 않고 그를 영국으로 불러 거듭 설득하였다. 괴로운 사절 뒤 귀국한 그를 기다리고 있던 어려움은 인플레이션이었다. 그는 자금 보충을 위해 동분서주하고 또 늦어진 건설을 독려하려 매일 공사 현장에 나갔다. 1921년에 완성되었을 때 그는 극심한 피로 때문에 반년이나 병상에 눕게 되어 강의를 모두 연기하고 솔베이 회의(Solvay Conference)마저 참석하지 못했다. 의사가 진찰하여 휴양과 여행을 권하였다.

그러나 건강이 회복되자 다시 창조성이 폭발하였다. 그는 전 세계로부터 연구자를 모아 이른바 코펜하겐 학파를 형성하여 양자 역학의 〈영웅시대〉(오펜하이머*)에 지도적 역할을 하였다.
이젠 보어 개인의 연구가 무엇이었던가는 문제가 아니었다.

『시종일관 보어의 깊은, 창조적, 준민한, 비판적인 정신이 지도하고, 제약
하고, 심화하여, 그리고 기획을 최종적으로 변용시켰다고는 하지만 그것은 여
러 나라의 몇십 명이나 되는 과학자의 공동 작업이었다. 그것은 실험실 안의
참을성 있는 작업, 결정적인 실험과 대담한 행동, 많은 잘못된 출발과 많은
유지하기 어려운 억측의 시기였다. 그것은 열성적인 편지 왕래와 분주한 회
의, 논쟁, 비판과 빛나는 수학적 창의의 나날이었다』

(오펜하이머)

보어의 창조성은 과학의 〈프로듀서 능력〉을 뒷받침한 것은 이
무렵부터 집착 기질과 바뀌어 전경(前景)으로 나오게 된 순환
기질이었다. 이것도 조울병과 마찬가지 소지였다. 집착 기질도
일생 남아 있어서, 아홉 번이나 교정을 보면서 논문을 한 자
한 자 음미하는 습관이나 시골에 땅을 샀을 때 「나무 한 그루
풀 한 포기라도 이용하려 하는」 철저성으로 나타났으나 연구
면에서나 대인 관계에서는 그다지 눈에 띄지 않고 대신 수용
적, 동조적인 성격, 즉 순환 기질이 지배적으로 되었다. 이것은
다른 기질이나 발상을 받아들이고 사람을 장점에 의해서 판단
하고 격려하는 데 불가피한 것이었다. 순환 기질의 발현과 더
불어 가벼운 조 상태가 계속하여 그것에 뒷받침된 유머, 다방
면에 관한 관심, 옥외 스포츠나 아마추어 연극, 인디언 놀이 등
이 모인 과학자들에게 연구소를 세상에 둘도 없는 살기 좋은
곳으로 만들었다. 그것은 지적인, 영원한 소년 세계라고도 말할
수 있다. 보어 집안은 연구소의 맨 위층에 살며 연구소의 공간

---

* John Robert Oppenheimer, 1904~1967

과 일체화하였다.

조울병자는 병상기(病床期)를 되풀이한 뒤에 흔히 인격적 매력이 마모되고 주위 사람들의 이반이나 소원화를 일으킨다. 그것은 두말할 것 없이 비호적 공간이 해체되는 것이며, 새로운 울병상시(鬱病床期)를 발병하기 쉽게 한다. 그러나 보어에게는 이 악순환이 일어나지 않았고 보어의 인격은 사람을 매혹하는 힘을 언제까지나 잃지 않았다.

조적 기분은 보어의 지적 활동의 템포를 높이고 풍부한 착상의 원천이 되었다. 보어는 한 참 대화나 강연 중에 중대한 착상을 얻는 일이 많았다. 더 뒤의 일이지만 다음과 같은 목격자의 증언이 있다.

「1935년 말 코펜하겐의 연구소의 콜로퀴움(Kolloquium)에서 어떤 논문이 발표되었다. …… 보어가 강연 도중에 말을 걸었기 때문에 나는 왜 좀 더 얘기가 끝날 때까지 기다리지 않을까 생각했다. 그리고 얘기 도중에 보어가 갑자기 병에 걸리지 않았나 깜짝 놀랐다. …… 그 몇 초 동안에 보어는 …… 핵 속에 무엇이 어떻게 해서 일어나는가를 본질에서 이해하고 더욱 이 핵의 구성과 성질에 대한 실마리 및 그 변환과 붕괴의 실마리를 얻었다」

듣는 사람이나 얘기 상대의 존재는 고독하게 일을 진행할 때에 나타나 그를 괴롭히는 부전감이나 끝없는 재검토에서 그를 구하는 힘이 있었다. 이런 점에서는 아내도 훌륭한 〈상대〉였다. 즉 보어가 창조해 낸 공간은 다른 사람들의 창조성을 해방할 뿐 아니라 보어 자신의 창조성 해방에서도 불가결의 것이었다.

이런 점과 관련해서 보어의 사상의, 본질에서 〈대화적〉인 특징이 주목된다. 그의 사고는 분열병권의 사람들처럼 원리로부터 출발해서 직관적으로 앞을 내다보면서 사고를 진행하는 것이 아니고 본질이나 모순이나 역리(逆理)나 의상(意想) 밖의 것과 만남으로써 촉구되고, 뜻하지 않게 전개되었다.

「우리는 패러독스에 부딪쳤다. 이것으로 전진할 수 있다」라고 그는 토론 중에 외치기도 하였다. 논문의 최종 교정 때 인스피레이션(Inspiration)이 솟아나 겨우 정확한 해결을 쓴 일마저 있었다. 또 그것은 정합성이나 대상성을 실마리로 하는 추상적 사고가 아니고 싱싱한 시각적인 비유에 뒷받침된 사고였다. 그는 수식을 그리 쓰지 않았다. 러더퍼드도 원자를 〈꿀벌이 득실거리는 꽃〉으로 포착하는 시각적 학자였지만 보어도 핵 전환을 얇은 접시에 쌓아 올린 동구(撞球) 공으로 보기도 하고, 다시 그것을 사실적인 그림으로 그리게 하여 논문에 게재하거나 그 모형을 만들기도 하였다. 말할 것도 없이 이 시각성은 순환 기질 특유의 것이다.

아인슈타인은 이러한 〈사실과의 대화〉를 필요로 하지 않았고 자기의 이론이 사실에 의해서 증명되기를 서둘지 않았다. 아인슈타인에게 있어서는 뉴턴과 마찬가지로 「관심은 우선 원리적인 것에 있으며」, 「거의 모든 연구는 구축 적인 착상 때문에」, 「탐구와 판단은 주로 직관적으로 생기며 근거는 후천적인 것(A Posteriori)으로 인정된다」(젤리히). 중력 이론을 발견했을 때 학생이 「선생님의 이론이 증명되는 데는 다음 일식 때까지 8년 동안이나 기다려야 한다니 괴롭지 않으십니까?」하고 물었다. 아인슈타인의 대답은 「내가 연구한 것이 옳은가 어떤가는 그다지 마음에 걸리지 않는다」(젤리히)라고 하였다. 그는 이렇게 사실에 대한 촉구보다도 내적 촉구에 더욱 의존하여 그 〈독백적〉인 지적 활동을 유지하여 상대성 이론의 완성 뒤의 40년 동안

을 오로지 혼자서, 또 불과 한 사람의 조수를 상대로 〈통일장
이론(統一章理論)〉에 바쳤는데 끝내 완성하지 못하고 말았다. 죽
음의 3년 전인 1952년에 아인슈타인은 이렇게 말하였다. 「이
이론이 좋은 점은 그 형식의 완전성뿐입니다. …… 수학적 어
려움 때문에 아직 증명할 수는 없습니다.」

보어는 이런 가능성이 희박한 문제와 씨름한다는 것은 이해
할 수 없는 헛수고였다. 그러나 아인슈타인에 의하면 진짜 큰
문제를 다루는 것은 「100년에 한 사람이나 두 사람 태어나는」
천재의 사명이며 「영원의 상(相) 밑에서」 연구하는 사람에게는
수십 년의 헛수고는 문제가 아니었다.

> 「나는 거듭거듭 반복하여 이미 아는 사실 위에 서서 구성적인 노력으로
> 참된 법칙을 발견하는 것의 가능성에 대해서 절망했다. 보다 오랫동안, 보
> 다 필사적으로 생각하면 할수록 일반적, 형식적 원리의 발견만이 우리를 확
> 실한 결과로 인도할 것이라는 결론에 가까워지는 것이었다」
>
> 《자서전》

그런데 보어는 언제나 물리학의 전통을 잇고 그 발전의 일익을
담당하기를 사명으로 하였다. 양자 역학의 수립에 있어서 보어
가 〈인도의 실마리〉로 삼은 것은 〈대응 원리〉였다. 이것은 양
자 물리학의 법칙은 마크로의 세계에 상당하는 극한에서는 고
전 물리학의 법칙에 귀착되지 않으면 안 된다는 요청이어서 엄
밀하게는 좀처럼 만족시킬 수 없는 어려움이다. 이러한 요청의
중시는 출발 때에도 몰래 전통에의 회귀를 지향하는 조울병권
의 기질과 일치하는 것인 것 같다.

1932년을 고비로 물리학은 디랙*의 이론, 조리오-퀴리 부

---

* Paul Adrien Maurice Dirac, 1902~1984

부*나 앤더슨**등의 실험 때문에 원자의 양자론(量子論)에서 원자핵의 양자론으로 전환하였다. 보어는 여전히 다산 적이기는 하였지만 벌써 이 분야의 유일한 지도자는 아니었으며 원로의 한 사람이었다. 그는 연구소의 맨 위층으로부터 이사하여 덴마크 국민 최고의 명예로써 제공되는 〈명예의 집〉으로 옮겼다. 이 직후 그는 다시 피로감을 심하게 느껴 연구를 쉬었다. 이 무렵 집안 식구를 태운 요트에서 장남이 파도에 휩쓸려 죽은 사건이 일어났다. 그는 더욱 고독을 느끼며 회고에 잠기는 나날을 보냈다. 1934년 코펜하겐 대학교수인 동생을 위해 자기 연구소 이웃에 수학 연구소를 세우게 했다. 여행을 많이 하게 되었고, 약간 진부한 미술품을 수집하였고, 여러 가지 명예직을 포함한 공적 활동의 비중이 차츰 증대되었다. 그는 조촐한 모국 덴마크를 사랑하였고 덴마크와 일체화한 것 같았다. 이런 점은 성공한 순환 기질자에게서 흔히 볼 수 있는 온건한 속인성(俗人性)이다. 그러나 논문의 작성이나 건축 때에는 집착 기질적 철저성이 변함없이 지속하였다. 2차 세계 대전 중에는 저항 운동, 이어 영미로 건너가 원자 폭탄의 완성에 협력했는데 그 투하 반대 운동에도 참가하였다. 전후에는 덴마크나 CERN(Conseil Européen Pour la Recherche Nucléaire)의 원자로 건설에 관여하였다. 경조적(輕躁的) 명랑과 내적 활동의 풍부함은 1962년의 죽음에 이르기까지 지속하였지만 즉물적인 현대 과학자 사회에서는 다소 엉뚱한 존재로 느껴지기도 한 것 같다.

---

* Frédéric Joliot, 1900~1958: Iréot-Curie, 1897~1956
** Carl David Anderson, 1905~1991

질병

보어는 1911년(26살), 1921년(36살), 1932년(47살) 거의 10년마다 세 번의 활동성 저하를 경험하였다. 특히 나중 두 번은 피로감을 몹시 느끼고 강의와 강연의 예정을 거듭 연기하고 사람과의 교제를 피하였다. 증상, 주기성, 기본적 성격의 세 가지 점에서 보아 이것은 아마 진성내인성울병(眞性內因性鬱病)이었을 것이다.

흥미 깊은 것은 우선 발병이 어느 경우에도 〈이도(移徒)〉 다음에 일어나고 있는 사실이다. 즉 1911년 유학, 1921년은 연구소의 완성과 그 맨 위층으로의 이사, 1932년은 〈명예의 집〉으로의 이사이다. 이사를 계기로 울병이 일어나는 것은 임상적으로 예부터 잘 알려져 있으나 이것은 발병 상황과의 관련해서 울병을 재검토하려는 최근의 연구 때문에 그 의의가 재인식되어 가고 있다. 특히 보어의 경우에는 이사에 얽힌 생활사적(生活史的) 의미가 분명한 좋은 예일 것이다. 즉 이사는 모두 연구의 완성이라는 〈하역(荷役)〉과 그것에 대한 사회적 평가라는 새로운 〈부하(負荷)〉라는 양의성(兩義性)을 가지고 있다. 더욱이 오래 살면서 정들었던 공간으로부터의 출발이 한편 바람직한 사회적 지위의 상승이라는 뜻을 가지면서도 반면 낡은 공간에 미련을 가지는 양의성도 가지고 있다. 그리고 새 공간(러더퍼드의 연구실)에 수용(1912)되든가, 새 공간(이론 물리학 연구소)을 창조(1921)하든가, 또는 보강(아우의 연구소를 이웃에 건설)하든가(1934) 함으로써 울병으로의 회복과 새로운 창조성의 발현이 일어나고 있다.

일반적으로 울병자에게 있어서는 공간의 이동이 그의 존재를

보어의 생애

나이	0		10		20		30	
년도	1885		1895		1905		1915	
거주지		덴마크 부친집			케임브리지→		맨체스터 / 덴마크 생가	
가족	동생				아내 ----	+ 아버지 / 장남		
지도자	아버지 회프딩 교수 크리스찬센 교수				J. J. 톰슨		러더퍼드	
창조성								
질병								

흔드는 〈근저적〉 사태가 된다. 반대로 공간에 수용되고 그것과 일체화함으로써 울병으로부터 회복이 일어난다. 울병자의 공간 의존성은 이미 지적되고 있는 대로이지만(슐테) 보어의 경우는 바로 전형적인 예라고 할 수 있을 것이다. 그러나 거기서 머물지 않고 공간을 둘러싸는 인간학적인 고찰을 더욱 전개하는 일도 가능할 것이다.

그 실마리는 보어의 공간이 이를테면 〈부적 공간(父的空間)〉이라는 뜻이 있는 사실이다. 이미 말했듯이 그는 동생과 둘이서 아버지의 서재의 공간에 싸여 자라났다. 회프딩 교수를 둘러싸는 〈에클립티카〉의 세계도 그 분지이다. 그에게는 유학은 무엇보다도 먼저 이러한 아버지의 공간으로부터의 출발이 강요되는 일이었다. 첫 번 울병은 이 사건 뒤에 일어났다. 탈출은 〈러더퍼드 공간〉에 수용됨으로써 성취되었다. 보어에게는 러더퍼드가 자부의 뜻을 가진 것, 그리고 러더퍼드의 연구실이 아버지

	40	50		60	70	73
	1925	1935		1945	1955	1962

덴마크 세계일주여행
블레그담스바이 　 명예의 집 　 미국 　 덴마크 "명예의 집"

＋ 어머니 　 ＋

스스로가 지도자

의 서재 세계의 재현이라는 구조를 가진 것은 주목해야 할 점
이다. 이어 1918년 그는 러더퍼드의 공동 연구자로서 영국에
영주하느냐, 그렇지 않으면 국민적 기대를 좇아 덴마크 머무느
냐 하는 선택에 갈피를 못 잡지만 그것은 부적인 공간(러더퍼드
공간)에 영원히 아들로서 수용되느냐 그렇지 않으면 아들인 채
로 있기를 단념하고 예부터의 아버지의 기대에 보답하여 고국
에서 교수가 되어, 이를테면 아버지가 되느냐 하는 양자택일을
해야 할 위기적 상황이었고 이것이 두 번째 울병을 일으키는
원인이 된 것이 아닐까?

울병에서 탈출한 그가 코펜하겐의 연구소에서 만들어 낸 분
위기가 바로 이 〈자부(慈父)〉 러더퍼드의 연구실의 재현이었던
것은 흥미 깊은 일이다. 즉 이 공간 창조야말로 아버지의 서제
세계를 원형으로 하고, 러더퍼드 공간을 매개로 하여 아버지의
세계를 넘어 아버지의 세계로 되돌아오는 것이었으며 이것이야

말로 가장 완전한 의미에서 아버지 세계의 계승이었다. 그것은 그가 자신도 탁월한 인물이면서도 〈아들〉에 대한 수용적인 〈아버지〉로서, 훌륭한 〈아이들〉에 둘러싸여 아버지와 아들의 대립을 지양하여 모이는 영원한 소년의 세계였다. 이 〈보어적 공간〉 속에서는 심원한 토론과 너털웃음을 일으키는 패러디(Parody)극 《블라이담스바이 파우스트》*와 총 솜씨를 겨루는 서부극 놀이가 등가 값이었다.

《파우스트(Faust)》 극 속에서 그는 〈주(The Lord)〉역을 맡는 것이 상례였다. 그런데 〈주〉인 보어가 연구소의 누구보다도 소년이었다. 그는 연구소 사람들과 산책하면서 물리학 토론을 중단하고 돌 던지기를 즐기기도 하였다. 그는 믿어지지 않을 만큼 먼 전주나 창문에 돌을 명중시켰다. 그가 창조한 공간과의 일체화에 누구보다도 깊숙이 의존하고 있었던 것은 바로 그 자신이었다. 과연 이런 장에서부터의 인퇴(引退)가 세 번째의 울병의 방아쇠를 당기게 하였다.

그는 현실에서도 아버지의 후계자임을 자랑으로 삼고 있었다. 예를 들면 그는 「빛과 생명」(1932)이라는 강연을 아버지에게 바쳤고, 그 속에서 상보성 원리를 생명에 적용해서 기능을 인식하려 하면 구조가 희생되는 것(또 역도 참이다)이 되어 그것은 옛날의 생리학 교수였던 아버지의 「기능과 구조와의 상관에 대한 주장」과 대응되는 것이라고 약간 강인하게 강조하였다.

이에 반해 어머니는 전기에 그다지 많이 나오지 않는다. 애초 아버지의 제자였던 어머니는 아버지의 그림자에 가려 이를

---

* 역자 주: Blegdamsvej Faust, 블라이담스바이는 연구소가 있는 거리의 이름이다.

테면 그 일부분이었고 소년 시절의 보어가 휴가를 보낸 외가의 별장처럼 그 옆에서 휴식할 수 있었다고 하더라도 보어에게는 종속적인 것에 지나지 않았다.

보어의 친밀한 심리적 관계는 생애를 통해 동성에게만 향했다. 아버지도, 생애를 통해 친구가 되었던 〈에클립티카〉의 모임도, 러더퍼드도, 코펜하겐의 세계도 그러했다. 아내와의 관계는 「생애에 걸쳐 흔들리지 않는 목가적이라고 할 만한 아름다운 사랑」(무어)이었으나 반은 비서, 반은 친구라는 정도였고 그의 가정은 개방적이어서 연구소의 분위기와 일체였다. 남성 간의 우정의 베리에이션(Variation)이라고도 말할 수 있는 결합이었다. 무엇보다도 먼저 그녀는 친구의 누이였으며 〈에클립티카〉의 우정의 영원화의 시도라고 보여진다는 것은 앞에서도 말했다. 우정은 울병 소지자가 가장 이해할 수 있는 대인 관계인 것이다.

이 동성과의 친밀한 우정의 원형이며 정점에 있는 것은 동생과 강한 결합이다. 둘은 쌍둥이처럼 서로가 경상(鏡像) 관계에 있었으며 이 경상을 매개로 해서 서로의 자아 확립이 달성되어 갔다. 이 공생관계는 요구가 높은 가정 속에서 어린이가 빠지는 자기 불확실 감으로부터 서로의 자아를 지키는 데 필요한 것이었다. 동시에 둘은 서로 아버지의 세계 속에서 경쟁 상대, 즉 〈상속다툼〉의 대상이었다. 그러나 보어가 아버지의 역할을 맡고 아버지의 세계를 상속하여 자신을 중심으로 하는 공간을 창조한 후에는 처음에는 그가 의존적이었던 동생과의 관계에도 역전이 생겨 동생을 위해서 수학 연구소를 세우는 등, 이를테면 자기의 공간에 동생을 맞아들이는 형태로서 둘 사이에 최종

적 〈화해〉가 성립하였다. 그리고 보어 자신도 이 일로 해서 최
종적으로 울병에서 회복한 것은 아닐까?
　보어의 만년에는 그가 사는 〈명예의 집〉의 거실에서 가장 눈
에 띄는 것은 벽에 걸린 아버지의 초상이었다고 한다.

참고 문헌

A. Petersen, "The Philosophy of Niels Bohr. 1885~1962,"
　Bulletin of the Atomic Scientists, No.9, pp.8~14, 1964.

R. Moore, Niels Bohr, New York: Knopf, 1966.

H. Tellenbach, Melancholie, Zur Problemgeschichte, Typologie,
　Pathogenese und Klinik, Berlin: Springer, 1961.

A. Heisenberg, Physik und Philosophie Ulm/Donau: Ebner, 1959.

D. Bohm, Quantum Theory, Englewood Cliffs: Prentice Hall,
　1951.

C. Seelig, Albert Einstein: A Documentary Biography, London, 1956.

G. Gamow, Thirty Years That Shooks Physics, Garden City:
　Doubleday, 1960.

Yang Chen Ning, Elementary Particles, Princeton: Princeton U. P.,
　1962.

"Discussion with Elinstein on Epistemological Problem in Atomic
　Physics" P. A. Schilpp, ed., Albert Einstein Philosopher and
　Scientist, New York: Harper, 1949.

S. Rozental, Niels Bohr at Work, Nordita Pub., 100/101, 1963.

B. G. Kuznetsov, Einstein, Moscow, 1965.

C. P. Snow, Variety of Men, New York: Scribner, 1966.

片山泰久,《量子力學の世界》, 講談社, 1967.

湯川秀樹・井上健編,《現代の科學 II》, 世界の名著, 第66卷, 中央公論社, 1970.

飯田眞,「住いの變化とぅつ病」,《精神醫學》, 第10卷, 第5號, 醫學書院, 1968.

笠原嘉,「精神醫學における人間學の方法」,《精神醫學》, 第10卷, 第1號, 醫學書院, 1968.

그림 출처

1. Niels Bohr (1935), http://www.dfi.dk

2. The Niels Bohr Institute at University of Copenhagen. Taken by me on 26/3-2005

6. 노버트 위너

Norbert Wiener
1894~1964

위너의 개성과 학문의 성격

노버트 위너는 사이버네틱스(Cybernetics)의 창시자로서 알려진 미국의 수학자이다.

그는 아버지에게서 천재 교육을 받고 약관에 일반 조화 해석, 브라운 운동론(Brownian Motion Theory), 여파(濾波)의 이론 등으로 수학의 전문가로서 지위를 확립하였다. 이어서 컴퓨터의 초창기의 수학적 이론 면의 개척자가 되었고 그것을 바탕으로 2차 세계대전 후의 사상적 상황 속에서 확률론, 정보 이론에 기초를 둔 자기 제어계의 일반이론을 제창하여 사이버네틱스라 불렀다. 오늘날 원래의 적용 영역인 수리 물리학, 통신 공학, 의학, 생물학뿐만 아니라 사회 과학이나 철학에도 사회체제를 넘어 심각한 영향을 주고 있다. 현재는 오히려 소련 쪽이 사이버네틱스를 중요시하고 있다고까지 말할 수 있다.

원래 그에게는 자기 억제의 능력이 있는 직업 수학자적인 배후에 예언자적인 종합적 사상가적인 면이 숨겨져 있었다. 만년에 이르러 아버지로부터 정신적 자립을 달성한 후에는 그때까지 억압되어 있었던 나중 면이 전경(前景)으로 나와 인류의 미래에 대한 경고적인 예언자가 되었다.

그러나 그는 처음 출발점부터 꽤 예외적인 수학자였다. 그는 다른 많은 수학자가 수학으로 끌리는 까닭인 수학의 자기 완결적인 성격에는 매력을 느끼지 않았다. 오히려 그는 「수학의 최고 사명은 무질서 속에서 질서를 발견하는 데 있다」라고 생각하였다. 그에게는 무한히 풍부한 것은 현실이며, 수학의 힘은 한정된 것이라고 느끼는 경향이 있었다. 랜덤(Random)한 과정에 수학적 구조를 부여하려고 하는 초기의 브라운 운동의 이론에서 복잡하고 예상하기 어려운 현실에 대한 〈준 정밀과학〉의 일반 이론으로서의 사이버네틱스에 이르는 그의 학문적 이력을 일관하는 것은 이런 생각이었다.

시즈메(鎭目恭夫)가 말하듯이(《기계와 인간과의 공생》) 수학자 폰 노이만과 그와의 비교는 확실히 흥미가 있다. 시대와 활동 영역을 같이하는 이 두 학자는 만능 학자였던 점에서도, 자주 능력을 인정받아 정부의 고용 학자가 되었던 점에서도 공통되며 레오나르도 다 빈치 같은 르네상스 지식인과 상통하는 존재였다. 두 사람은 모두 '순수 수학에서 출발하여 양자 역학의 수학적 기초를 논하고 오토메이션(Automation)이나 컴퓨터의 원리를 연구하였으며 만년에는 각각 사이버네틱스와 게임 이론(Theory of Games)이라는 현실에 대처하는 수학적 방법의 이론을 세웠다. 그런데 수학과 현실에 관한 두 사람의 생각은 전혀 달랐다.

폰 노이만은 헝가리의 귀족 출신으로 계산에는 초능력을 가지고 있었다. 최초의 컴퓨터가 완성되었을 때 그는 「이것으로 세계에서 두 번째로 계산이 빠른 놈이 생겼다」라고 말했다고 한다. 수학의 절대화를 지향했던 그는 탁월한 지성 앞에는 모든 것이 허용된다는 〈양심의 피안〉의 존재였고, 「악마가 어쩌다 잘못되어 사람의 모습으로 나타났다」라는 무서운 느낌을 주위 사람들에게 주었다. 핵무기에 반대했던 위너와는 달리 노이만은 전후 미국의 원자력 위원장이 되어 핵 개발의 선두에 섰다. 그는 강한 분열병질자로서 세평에 개의하지 않고 유아론적 극북(極北)에 숨어버린 사람이 아닐까? 그런 그가 포커 놀이에만은 약해서 그것을 보충하기 위해 게임 이론을 짜냈다는 것은 재미있는 일이다. 이 이론은 상대가 이쪽과 같은 정도로 좋은 수를 쓴다고 예상하여 대응책을 산출한다. 여기에 남의 움직임에 대한 심리적 통찰의 결여를 보완하기 위해 외부에 대한 빈틈없이 중무장하는 분열병질자의 태도를 볼 수 있을 것이다.

위너는 게임 이론을 비판하여 그런 가정 아래서는 아주 구질구질한 게임이 되며, 예를 들어 만일 나폴레옹이 적장을 자기와 같은 정도로 현명하다고 가정했더라면 갖가지 대담한 전략을 착상할 수 없었을 것이라고 말하고 있다. 게임 이론의 주개념인 〈미니맥스(Minimax)〉가 완벽한 지력을 가진 추상적 존재를 상대로 해서 한 수마다 계산적 타협을 완결시키는 선험적(先驗的) 방법이라고 한다면 사이버네틱스에서 말하는 〈피드백(Feedback)〉은 현실의 상대를 방심 없이 관찰하여 축차적으로 상대의 행동 데이터를 짜서 자기 행동을 결정해 가는 경험적 방법이다. 노이만이 (양자 역학의) 수학적 구조 속에 추상적인 〈자아〉를 도입한 데 대해 위너의 관심이 언제나 구체적인 〈뇌〉

의 활동에 향했다는 것도 이와 대응될 수 있을 것이다.

위너가 순환 기질의 사람인 것은 거의 확실하다. 사실 그는 논변적(論辯的) 사고인은 아니며 패턴적 상이성이야말로 그의 발견 방법이었다. 그것을 단서로 그는 동떨어진 것 사이의 수학적 상사성, 상동성을 발견하였다. 그는 《랜덤 이론에서 비선형 문제(Non-linear Problems in Random Theory)》(1958)에서 목성(木星)의 위성 운동과 뇌파와의 수학적 유사성을 지적하고 있다. 그에 의하면

> 「학문이란 진행하는 과정으로 포착해야 하며 자신의 전인격과 경험의 힘으로 학습한 개개의 사항을 연관시키거나 재결합시켜서 그의 머릿속에 있는 모든 생각을 하나의 상호 관계—개개의 아이디어가 다른 아이디어에의 보충적 설명이 되는 상호 관계로 이끌어 가는 기술」

이었다. 그는 넓은 영역에 흥미를 보였으며 착상이 풍부하고 또 그것을 사람에게 이해시키려고 애썼으며 아낌없이 나누어 주었다. 그의 현실에 대한 풍부한 감수성은 이 순환 기질과 무관계하지는 않을 것이다. 노이만과는 반대로 계산을 잘 틀리고 저서의 수학 기호에는 오기나 탈락이 많다. 상대에 대해서 심리적으로 통찰하여 그에 따라 태도를 바꾸었다. 반대로 심리적인 샌드위치가 되면 자주 〈신경 쇠약〉이 되었다.

그러나 그는 보어와는 달라 고삽한 집착 성격을 발전시키지 않았고 또 뚜렷한 조울병적 특징을 보이게 되지 않았다. 위너의 부모와의 대상관계가 실로 장년에 이르기까지 지나칠 만큼 긴밀했다는 것에도 연유할 것이다. 그러나 이 긴밀한 대상관계는 강한 갈등을 내포하는 것이었다. 또 천재아 특유의 자기 불확실성, 자기 결정의 곤란성이 있었다. 더욱이 천재 아이며 유

대인이라는 이중의 〈경계인〉적 존재 상황 속에서 고민하였다. 이리하여 그의 인격은 일찍부터 강한 신경증적 양의 구조(兩義構造)를 가지기에 이르렀다. 특히 속박적인 아버지로부터 자립지향이 자기 안에 잠재한 아버지에 대한 공격 충동을 자각하게 하여 이 충동에 대한 공포를 일으켰다. 이것이 아버지에게 버림받게 될 두려움과 표리일체가 되고, 다시 〈경계인〉이기 때문에 비호적 공간 결여와 아울러 그의 마음속에는 어릴 적부터 〈아노미(Anomie, 혼돈, 무질서)〉 속으로 내던져지는 것에 대한 강한 공포가 존재했다.

그의 경우 현실에의 풍부하고 넓은 감수성이라는 순환기질적인 성격 특징이 신경증적 인격 구조에서 연유하는 아노미의 공포와 얽혀 하나의 복합체가 되어 생애를 일관하는 한 가닥 굵은 실이 되었다. 바꿔 말하면 그에게 있어서 현실의 풍부성과 혼돈은 종이 한 장 차이였고 상태가 좋은 때에는 현실은 기쁨과 활동의 풍부한 원천이 되었고, 상태가 나쁜 때나 좌절한 때에는 현실은 혼돈, 무질서로 화해서 공포를 일으키고 주춤하게 하였다. 특히 어릴 적에는 그것이 죽음의 공포나 죄악감, 아버지에의 격렬한 양의적 태도 등의 부정 면으로 나타났다. 이 공포에 대해서 분열병권 사람처럼 세계로부터 전면적 후퇴가 아니고 세계를 지적으로 인식하려고 반응한 데 그의 신경증적 인격 특징을 볼 수 있다. 문학의 세계에 비유한다면 시의 절대화 또는 순수시를 지향한 말라르메나 발리리가 아니고 순간적인 인상이나 잡기 어려운 감동의 언어적 정착을 지향하는 프루스트*가 그와 가깝다. 바람에 한들거리는 산사나무 꽃의 인상을

---

* Marcel Proust, 1871~1922

표현한 때의 프루스트 환희는 위너가 브라운 운동의 수학적 표현을 찾아냈을 때의 기쁨과 동질이다. 바로 현실 세계의 풍부성과 무질서성의 인식이 자기 학문에의 계시적 자각, 즉 통계적 세계관의 확립을 촉진하고 그의 학문적 전개의 실마리가 되었다. 〈수학하는 것〉이 동시에 그의 자기 치료의 도구가 되었다.

신동 위너

위너의 아버지는 동 유럽계 유대인이다. 그는 의학부 공과대학을 차례차례로 중퇴하고 톨스토이*주의에 바탕을 둔 유토피아를 건설하려고 미국에 건너왔으나 곧 좌절되어 밑바닥 이민으로 몰락하여 미국 남부를 방황하였다. 우연히 어학 교사가 된 그는 타고난 재능을 발휘하여 고등학교 교사에 이어 지방 대학의 교수가 되었고, 위너가 두 살 때는 하버드 대학에 초빙되어 강사, 조교수를 거쳐 언어학 교수가 되었다. 그리고 1930년 은퇴할 때까지 34년 동안 하버드 대학에 있었다.

이 자수성가(Self-Made Man)한 사람은 정력적인 활동가여서 톨스토이 전집을 혼자 힘으로 번역하였다. 성질이 급하고 감정의 발로가 심하며 강한 자존심의 소유자로서 남과 자주 충돌하며 독창적이지만 독단적인 데가 있었다. 위어는 뒤에 「아버지는 수학자가 되었더라면 좋았을 텐데, 수학에서는 오류는 곧 발견되니까 ……」라고 약간 비꼬고 있다.

이러한 아버지가 제일 정력을 기울인 것은 장남 위너의 수재 교육이다. 세 살 적부터 아버지는 엄격한 규율 밑에 주로 수학

---

* Lev Nikolaevich Tolstoi, 1828~1910

과 어학을 위너에게 가르쳤다. 교수법은 가차 없었으며 체벌까지는 가하지 않았지만, 말로서 꾸짖는 채찍은 그 이상 가혹하였다. 천재 아이면서도 위너는 자만심은커녕 심한 열등감에 시달렸지만, 학습의 진전은 괄목할 만한 것이었고 신동으로서 뉴잉글랜드(New England)의 학자 사회에서 유명해져 호기심에 찬 시선을 한 몸에 모으면서 자랐다. 아버지는 자기의 방법이나 성과를 저널리즘에 발표하기도 하고 심리학자를 불러 연구하게 하였다. 아버지는 위너 자신은 본래 평범한 인간이며 전적으로 아버지의 교수법에 의해서 천재가 되었다고 주장하였다. 이것은 러셀에게 보낸 아들 위너의 소개장 속에서 말하고 있다.* 아버지는 자기의 위신을 높이기 위해 위너를 수단으로 이용한 것이다.

하기는 이 조기 교육은 나중에 위너 자신이 말했듯이 유대인의 숙명과 떼놓을 수 없는 것 같다. 소외적, 억압적 차별을 하는 사회에 정착하려 하는 소수자는 지배적 다수자에 대해 상대의 공격을 유발할 만한 행동을 피하고 그리고서 상대의 공격 충동을 해소할 만한 신호를 보내 자기가 해의(害意)가 없는 존재라는 것을 보여주면서 자기 소외 상태의 해소를 꾀하려 한다. 연구 분야가 경합하였을 때 위너는 거의 언제나 물러서고 있다. 바나하** 공간(Banach Space), 양자 역학 등에서의 중요한 발견을 그는 중도에서 포기하고 있다.

그가 장기에 걸쳐 쫓고 쫓기는 경쟁을 한 것은 소련의 학자를 상대로 한때뿐이다. 소련 학자와의 경쟁은 서유럽 학자와의

---

* 《러셀 자서전(Autobiography of Bertrand Russell)》, 제 I 권
** 역자 주: Stefan Banach, 1892~1945

경쟁과 달라 경쟁 상대의 지위를 위협하지 않으면 따라서 그
반동으로 상대의 적의를 받지 않기 때문이었다. 위너의 〈신동〉
도 상대의 공격 충동에 대한 〈달램〉으로서의 작용을 했는지도
모른다. 너무 동떨어진 신동에 대해서는 호각(互角)의 상대만큼
적개심은 일지 않는 법이다.

위너는 엄격한 아버지에게는 항거하지 못하고 表면적으로는
순종하였다. 그러나 내면에서는

「분장한 호기심이, ……규율 있는 교육을 받아야 한다는 아버지의 주장
과 맞서고 있었다.……나는 고대어, 근대어, 수학 등 아버지가 지도해 주는
과목에 어떤 종류의 흥미를 느꼈으나 변덕스러운 흥미는 정밀하게 정돈된
지식으로 바꿔야 한다는 아버지의 요구를 충족시킬 수 없었다」

「내가 학자가 된 것은 일부는 아버지의 의사에 따른 것이지만 그에 못지
않게 내 안에 있는 운명에 의한 것이다. 어릴 적부터 나는 주위의 세계에
흥미를 느껴 그 본질에 대단한 호기심을 품고 있었다. 네 살까지에 읽는
것을 익혀버렸으며, ……, 일곱 살이 되었을 무렵에는 다윈이나 킹즐리*의
박물지에서부터 샤르코나 자네**, 그 밖의 잘페트리어파의 정신의학서에 이
르기까지 독파하였다……」

또 위너는 생애에 두 번 이상이나 《엔사이클로피디어 브리태니
커(Encyclopaedia Britannica)》를 통독했다고 전해지고 있다. 그
러나 그는 단순한 박식가는 아니며 내발적(內發的)인 비판력, 종
합력을 갖고 있었다.

이러한 내발성이야 말로 보통의 신동과 그와 구별되는 점이
다. 대부분 신동은 사춘기 이후 심적 부조화에서 히스테리 상
태가 되어 몰락해 간다. 그러나 위너는 살아남았다. 바로 이 내

---

* Charles Kingsley, 1819~1875
** Pierre Janet, 1859~1947

발성 덕분이었다. 그러나 이 내발성 때문에 아버지와의 〈지도와 신종(信從)〉 관계는 차츰 갈등을 일으켜 그는 자주 내심으로는 아버지가 옳다고 느끼면서도 아버지와 격렬하게 언쟁하였다. 너무 언쟁이 심해 어머니는 그저 어쩔 줄을 몰라 하였다.

지성의 싹틈이 궁극적으로 하나의 〈기적〉인 것은 위너 자신이 말하는 대로일 것 같다. 그러나 주위의 적의나 환경의 심리적 긴장의 고조는 일반적으로 빨리 자타를 구별하게 해서 조속한 자기의식의 발생을 촉진한다. 지적 조숙아가 영미에서는 유니테리언(Unitarian), 장로교회 등의 종교적 소수파, 유대인 등의 소수 민족, 또는 가족 안의 긴장이 높은 가정에서 나오기 쉬운 것은 이 때문이 아닐까? 또 반대로 빠른 자의식은 주위의 긴장 관계를 과민하게 감수할 것이다. 이것은 하나의 악순환이다. 그리고 가정 안의 긴장의 높이와 자신의 무력성을 자각한 아이는 자기가 누구에게도 악의가 없다는 것을 증명하기 위해서, 또는 어른의 세계 갈등에서 벗어나는 피난처로서, 또는 지적 조숙 때문에 일종의 의식적인 〈어른 세계의 시민권〉을 획득하여 그것을 치켜들고 어른 세계의 갈등의 해결자, 또는 전사가 되기 위해서 감히 〈신동이 되는 길〉을 택하는 것이 아닐까? 신동은 결코 〈그저〉 그렇게 되는 것은 아니다.

위너가 〈신동인 것〉을 선택한 것은 그 어느 쪽인지는 속단하기 어렵다. 위너의 가정의 긴장도가 어느 정도였던지 자서전으로는 충분히 알 수 없다. 그러나 아버지가 떠돌이로 채식주의 등에 일가견을 가진 독특한 인물인 데 반해 어머니는 남부의 상류 사회에 순화된 백화점 주인의 딸로서 유대인이면서도 유대인에게 생리적 혐오를 느끼고 있었다. 위너에 의하면 그녀는

「남부 풍의 예의를 몸에 익힌 겸손한 미모의 여성」이었으며 위너를 몹시 사랑하였다. 그녀는 남편의 뜻을 따라 친정을 멀리하고 이해하기 어려운 독재적인 남편에게 맹종하였다.

> 「아버지의 냉혹함이나 가혹함은 머릿속에 남아 있지 않으나 남자의 낮은 목소리는 나를 무섭게 하였다. 어린 내게는 어버이란 보살핌과 자애에 넘친 어머니였다」

위너는 지적 교류를 아버지와 감정적 교류를 어머니와 밀접하게 유지함으로써 직접적인 심리적 교류가 어려운, 문화적으로 동떨어진 부모를 매개하는 역할을 하고 있었던 것이 아닐까? 그리고 한편에서는 이 어머니와의 짙은 대상 관계에 뒷받침되어 아버지와의 갈등적인 대상 관계를 유지하고 남의 호기적인 눈에 노출됨으로써 잃은 비호감을 회복할 수 있었던 것은 아닐까?

그는 지적 조숙의 이점을 희생하고까지 거듭 자립의 길을 찾았다. 11살에 벌써 고등학교 과정을 마치고 타프츠(Tufts) 대학에 입학한 그가 선택한 것은 뜻밖에 수학이 아니고 생물학이었으며 그 이유는 그는 「아버지보다도 이 분야에서는 내가 뛰어나기 때문에」라고 말하였다. 그는 생물학을 독학하였다. 이유 없는 반항에서부터 차츰 지적 수준의 경쟁 상대로서 아버지를 의식하게 되었다. 그러나 심한 근시였고 손재주가 없었던 그는 생물 실험이나 관찰이 질색이었다. 최종 학년이 되자 드디어 전공을 바꾸고 졸업 논문을 수학에 관해서 썼다. 너무 빨랐던 자립 시도의 좌절이었고 14살 된 위너는 울적하게 되어 몇 해나 더 살 수 있을까 하는 등의 요절 공포를 품기도 하고 어린 아이로 되돌아가고 싶다고 절실하게 바라기도 하였다. 미래 고립감과 퇴행의 소망이 이 시기의 그를 지배하였다.

　본래 신동인 것은 정신 발달의 여러 단계를 각각 알맞은 형태로 통과하지 않는다는 것이다. 〈반바지의 대학생〉 위너는 낮에는 10살 가까이 위인 동급생과 토론하고 학교가 파한 후에는 같은 또래의 아이들과 놀았다. 그는 어른의 세계에도 소속하지 못하고 어린이 세계에도 소속할 수 없다는 〈경계인(境界人)〉 체험 속에 매우 일찍 투입되었다. 그러나 그 대가로서 〈경계인〉은 양쪽 세계를 동시에 전망하는 시점을 획득한다. 후년 그는 「학문과 학문 사이의 무인(無人) 중간 영역이라 말로 풍부한 개척의 가능성을 숨긴 영역이다」라는 것을 알게 되었다. 이미 어린 〈경계인〉은 어른의 눈으로 어린이 세계를, 어린이의 눈으로 어른 세계를 보고 보통 사람에게는 가려진 시각을 획득할 수 있었다. 어린 위너가 특히 좋아한 동화는 끊임없이 지적인 시점 변환을 강요하는 《이상한 나라의 앨리스(Alice's Adventures in Wonderland)》(1865)였다. 유명한 수학자가 쓴 이 동화 속에서는 무엇이나 겉보기대로가 아니었다.

　「앨리스의 변태를 어린 마음으로도 굉장히 무섭게 느끼면서」도 그는 이 얘기에 매혹되었다. 후년 그가 단일 영역의 전문가가 볼 수 없는 시각에서 대상을 포착하는 것에 탁월한 능력을 보인 것은 경계인 체험에서 유래하는 것이리라.

　그러나 조숙아는 먼저 부정 면에 직면하고 그것을 견디어내야 한다. 유소년에게는 쉬운 일이 아니다.

　「조숙아는 불안에 떨며 자기를 과소평가한다.……어린이는 주위의 세계 평가를 믿기 때문에 혁명가가 아니고 전적으로 보수주의자가 된다.……자기가 사는 세계의 모든 것을 잡고 있는 어른들은 모두 현자이며 선인이라 믿고 싶은 것이다. 그런데 사실이 그것과 상반될 때 그는 고독을 원하게 되고 이제는 신뢰할 수 없는 것이 되어버린 사회에 대해 자기 자신이 판단을 하지 않으면 안 된다고 생각하게 된다」

더구나 그는 신동들이 난파하는 모습을 몇 번이나 보고 몸서리쳤다. 위너가 평생 일종의 어른 아이(Child-Adult)였던 것은 얼마쯤은 순환 기질자의 특징으로 볼 수 있고 얼마쯤은 처세술이었는지도 모르지만 주로 불균형한 지적 발달과 〈경계인〉적 고립성이 가져오는 인격 성숙 억지의 결과라고도 볼 수 있다. 보어와 달라 그는 소년기의 짙은 우정을 몰랐다. 후년 여러 사람과 공동 연구를 차례차례 할 때도 그 중심인물이 되는 것을 의식적으로 피한 것 같다. 한 연구소를 주재한다고 하는 공간 창조를 하지 않고 한 공간에의 영속적 정착도 없었다. 1919년 이래 반세계 가까이 MIT(Massachusetts Institute of Technology)에 근무했으나 창조적 시기는 유학이나 외국 여행, 공동 연구를 위한 출장 때에 많다.

그가 취직했을 무렵의 MIT는 단순한 기술자 양성 학교였다. 그것이 오늘날의 자연 과학, 인문 과학에 걸친 지적 창조성의 일종의 센터가 된 것은 위너 등의 뛰어난 교수진에 힘입은 바 크다. 그러나 그것은 이사들의 구상에 의한 것이며 위너 자신은 샐러리맨 학자였다고 해도 된다. 그는 한 공간을 지배하기보다도 오히려 수동적으로 비호받기를 좋아하였다. 그는 MIT에 취직했을 때를 회상하여 「안전한 항구에 닻을 내린 느낌」이었다고 말하였다.

그는 열등감이 강하고 자주 자신을 일종의 기형아라고 생각하고 자기의 인격적 매력에는 자신이 없었다. 그는 수학의 이

점의 하나는 「수학에서는 그 사람의 최선의 순간만이 유효하다」라고 하였다. 가장 약한 점에서 평가받으면 자기는 무와 같다고 하는 생각은 아버지의 끊임없는 힐책에 의한 심리적인 상처에 유래한다고 할 수 있겠다. 그는 자기의 주위에 사람을 끌어들이는 힘을 스스로 인정하지 않았다.

그의 대상관계는 먼저 어머니였고 다음 두 누이나 사촌 누이 등이 소녀들이었다. 지적 조숙과 체력을 열등성, 무재주 등은 위너를 남성과의 우정을 멀리하게 했지만, 여성은 그런데 구애받지 않고 그에게 접근할 수 있었다. 남성에게는 반발과 멸시의 대상 밖에 아닌 것이 여성의 비호 감을 일깨우는 것인가 보다. 두 누이는 위너 자신도 찬미하다시피 「미모와 재능」이 뛰어난 독신 시대는 애인과 같았다. 위너는 약혼자를 제쳐놓고 누이와 유럽 여행을 가기도 하였다. 결혼 후에도 오누이는 평생 친밀한 친구였다. 이것에 반해 11살 아래의 동생에 대해서는 자서전의 필치도 냉랭하고 짤막하다. 여성에 둘러싸여 자랐기 때문에 그의 연약성은 그대로 보존되었다. 그는 싸움을 못 하는 어린이여서

> 「격한 감동을 받으면 공포 때문에 입이 굳어져서 말도 못 하게 되었고 얻어맞는 도리밖에 없었다.……나는 난처해지면 발작적으로 기력이 없어지는 것이 상례였다」

정동(情動)에 대한 그의 내성의 낮음에 주목해야 할 것이다. 특히 그는 자기 내부의 공격이 두려워 충동하였다. 대학생 때 그가 생물학을 포기한 것은 직접적으로는 실험에 실패하여 고양이를 죽이고 교수에게 「자네는 생체 해부를 했군」하고 몹시 비난받았기 때문이었다. 그는 자기 내부에 잔인한 것이 숨어 있는 것을 깨닫고 이 사건을 빨리 잊으려 하여 도리어 불안을 더했다.

아버지를 떠나서는 아무 일도 못 한다는 무력감, 아버지에게 버림받게 되는 데 대한 공포에도 불구하고 그는 하버드 대학원에 들어갈 즈음 다시 아버지의 반대를 무릅쓰고 동물학 전공을 택했다. 그러나 두 번째 자립의 시도도 너무 손재주가 없었기 때문에 좌절되고 그는 다시 수학으로 되돌아갔다. 그는 논리 수학의 논문으로 하버드 대학에서 철학 박사 학위를 받았다. 이 직후 그의 모교 타프츠 대학의 어떤 교수의 딸에 의한 그에 관한 상세한 연구가 「조숙아」라는 제목으로 《교육 세미나》에 게재되었다. 이 논문은 그의 급우들의 견해도 집성하였는데 그는 급우들의 눈에 비친 자기 모습이 「견딜 수 없을 만큼 아니꼽고 품위가 없는 소외자」라는 것을 알게 되었다. 그는 「겨우 내 문제가 해결되어 가고 있다고 생각했는데 다시 출발점으로 되 쫓겨났다」라고 느꼈다. 아버지는 논문의 필자를 고소하지만, 소송은 성립되지 않았다. 상심한 그는 대학에서 장학금을 얻어 미국을 떠나 케임브리지에서는 《수학의 원리》를 완성한 직후의 러셀에게 이론 수학, 양자 역학을, 하디*에게서 수리 해석 특히 르베그**적분을, 괴팅겐의 힐버트***에게서 물리 수학을 배웠다.

당시의 수학계의 최고봉에게 배운 이 수학 분야들이 후년 사이버네틱스에 종합되는 운명에 있다는 것을 쉽게 이해될 것이다. 한 예를 들면 컴퓨터에 있는 논리 수학의 물질화라는 측면을 가진 것이다[삼의(森毅)].

한편 위너는 러셀들이 지향하는 수학의 절대화, 수학을 완전한 논리적 기초 위에 두려고 하는 시도에는 당시부터 회의적이

---

* Godfrey Harold Hardy, 1877~1947
** 역자 주: Henri Léon Lebegue, 1875~1941
*** David Hilbert, 1862~1943

었다.

「새로운 결론을 만들어내기 위해서 짜인 가설까지도 포함하여 논리 체계의 모든 가설을 남김없이 말하려는 시도는 불완전하게 되지 않을 수 없다……. 완전한 논리를 엮어내려는 시도는 본질적으로 인간적인 문제 처리의 습관에 의존하지 않으면 안 된다」

위너는 이 발상을 괴델*의 〈불완전성 정리(Gödels Incompleteness Theorem)〉의 선구라고 말했다.

찰스 강의 물결

1차 세계대전의 발발로 말미암아 부득이 독일을 떠난 그는 케임브리지로 돌아왔다. 그는 전시 하의 영국이 반대당, 특히 러셀 같은 반전 운동가에게도 국가 기밀을 알려 판단을 얻는 것을 알고 감명을 받았다. 그러나 세계대전 아래의 영국의 대학은 지적 활발성을 잃었다. 1915년 아버지의 부름을 받아 귀국한 20살의 그는 컬럼비아 대학에 들어갔지만, 유럽의 수학계를 보고 온 눈에는 고국의 수학은 보잘것없게 비쳤다. 언제나 높은 요구 수준에 응하려고 열중해온 그는 갑자기 열의를 상실하고 브리지나 영화 구경만 일삼고 맥 빠진 생활을 보냈다. 이러한 자포자기적인 반응은 자기에 대한 엄격한 집착 성격적인 면이 빠져 있는 것을 시사한다. 또 그것은 수학자로서 조숙한 재능에도 불구하고 그가 아직 참된 자기 결정을 달성하지 못한 증거였다.

1915~1916년에 걸쳐 하버드 대학에 초빙되어 화이트헤드**

---

* Kurt Gödel, 1906~1978

에 준거하여 수학의 논리적 수성에 대해 강의한 그는 미국 수
학계의 원리인 비르코프*에게 심한 반론을 받았다. 이후 오래
계속된 비르코프와의 확집(確執)에서 위너는 비르코프의 반유태
주의를 들추어내어 피해자 의식을 가졌는데 실은 위너의 주제
넘은 교만한 태도와 비르코프에 대한 아버지의 자식 자랑이 크
게 작용하였다. 원래 수학 기초론은 위너에게는 기질적으로 적
합하지 못한 주제였다. 분명히 위너의 강의에는 너무 독선적인
데가 있었던 것 같다.

위너는 하버드를 떠났지만 다른 곳에서도 지금까지의 경력
을 인정을 받지 못하고 취직 알선 기관에 의해 간신히 메인
(Maine) 대학에 취직하였다. 그러나 자존심이 상한 그는 곧
사직하여 제너럴 모터즈(General Motors Co.)의 공장에서 일
하기도 하고 점원, 공인회계사, 엔사이클로피디아 아메리카나
(Encyclopaedia Americana)의 하청 집필자가 되는 등 직업을
전전하였다. 이어 육군의 군무원이 되어 사격 시험장에서 사정
표를 만들었다. 후에 군적에 편입하지만 세계대전의 종료와 더
불어 제대하여 실업자가 되었다. 그는 경찰관 스트라이크 때에
스트라이크 격파의 대용 경관으로 고용되어 굴욕적인 체험을
하였다. 한때 보스턴의 신문사에 근무한 후 아버지 친구의 소
개로 당시는 기술자 양성 학교에 지나지 않았던 MIT의 수학과
에 들어갔다. 이 부랑자적 지식인으로서의 방황은 그의 생애
중에서 가장 위기적인 때였다. 그에게는 뉴잉글랜드의 학자 사
회 밖으로 나와 세속적인 신산(辛酸)을 겪은 유일한 시기였다.

** Alfred North Whitehead, 1861~1947
* Georg David Birkhoff, 1884~1944

MIT 너머로 보이는 찰스강

그때 그는 천재아라는 평판에 의지하기는커녕 사회적으로는 오히려 결정적으로 불리하다는 것을 깨달았다. 병영 생활은 그에게는 특히 고통스러운 것이었다. 후년 사이버네틱스의 동기가 된 것의 하나인 「육체노동은 인간 두뇌의 가능성에 있어서 하나의 굴욕이며 자동화는 인간을 노예 노동에서 해방시키는 것이다」라는 테제는 이 시기에 배태된 것이 아닐까?

마침내 학습의 천재에 지나지 않은 천재아로부터 창조적인 과학자로의 전환은 결코 평탄한 길은 아니었다. 다윈처럼 자기 결정의 유예 기간이 길었던 만숙한 과학자보다도 훨씬 어려웠다.

「나는 내가 무엇이며, 무엇을 목표로 하는지 충분히 알 만큼 사회적으로 성숙하지 못한 채 약간 특수한 면으로부터 학자 생활에 들어갔다……」

그는 조숙한 능력만 믿고 수학의 최첨단을 섭렵하였다. 그러나 수업 시대가 결정적으로 끝난 지금 자기의 내면과 깊이 결부된 것을 아직 발견하지 못하고 있다는 것, 즉 참된 자기 결정을 하지 못하고 있다는 것이 너무나 분명해졌다.

1919년 어느 날 그는 MIT의 연구실에서 찰스강의 강물을 내려다보고 있었다.

> 「물결은 어느 때는 높게 일어 거품이 얼룩지고 또 어느 때는 거의 눈에 보이지 않는 산물결로 되었다. 때때로 파도의 파장은 인치로 젤만 한 정도가 되는가 하면 또 몇 야드까지 높아졌다」

그는 「대체 어떤 말을 쓰면 손댈 수 없는 복잡성에 빠지지 않고 이것들을 뚜렷이 눈에 보이는 사실로 나타낼 수 있을까?」하고 자문하였다. 답은 당장 나왔다. 「파도의 문제는 분명히 평균과 통계의 문제이며 이런 의미에서 그것은 당시 내가 공부하고 있던 르베그 적분(積分)과 밀접하게 관련되어 있었다. 이리하여 나는 내가 찾고 있던 수학의 도구는 자연을 기술하는 데 알맞은 도구인 것을 깨닫고 나는 자연 속에서 수학 연구의 언어와 문제를 찾지 않으면 안 된다는 것을 알게 되었다」

이때 그는 「수학의 최고 사명은 무질서 속에 질서를 발견하는 것」이라고 지각하였다. 그의 수학자로서의 문제 해결 능력과 내면에 있는 〈아노미에의 공포〉의 극복이 결합하여 그의 수학은 세계의 압도적인 무질서의 지적 극복이라는 깊은 내적 욕구에 뒷받침되게 되었다.

창조성의 개화는 신속하였다. 그는 르베그 적분을 확장하여 깁스*의 통계 역학의 물리학적 아이디어와 결합해 먼저 브라운 운동의 이론을 파고들어 이듬해 1920년 아름답고 완전한

---

* Josiah Willard Gibbs, 1839~1903

수학적 형식을 만드는 데 성공하였다. 이 연구가 미국의 수학 계에서 무시되자 그해 여름 유럽으로 건너가 가을에 있을 국제 수학 회의까지 짧은 기간에 벡터(Vector) 공간에 대해 연구하여 오늘날 바나하 공간이란 이름으로 불리는 한 조의 완전한 공리 계(公理系)를 폴란드의 수학자 바나하와 동시에 발견하였다. 그 러나 물리 수학자로서 그는 수학을 위한 수학이라는 감이 있는 자기 목적인 이런 종류의 수학에 깊이 들어가지 않고 물리학적 현실과 관련이 깊은 브라운 운동을 수학적 공간으로써 포착하 는 연구에 전향하여 이 불규칙 운동의 집단적 성질(集團的性質) 의 수학상(數學像)이 미분 공간이라는, 바나하 공간과 아주 닮은 일종의 벡터 공간으로 얻어진다는 것을 발견하였다. 과학자로 서의 자기 확립은 일단 성취되었다. 그는 물리학이나 공학에서 제출되는 문제 속에 수학적 진리에의 실마리가 있음을 알았다. 그는 MIT의 전기 공학자의 요청을 받아 통신 이론을 기초 짓 기 위해 재래의 조화 해석(푸리에* 급수, 푸리에 적분)을 일반화 하여 불규칙한 변화를 다룰 수 있는 「일반화된 조화 해석」의 이론을 완성했다.

자기 치료로서의 수학 연구

1921년 겨울 27살이 된 위너는 커다란 정신적 갈등 속에서 기관지 폐렴에 걸려 일시적인 정신 착란을 일으켰다.

당시 그는 MIT 취직 무렵에 경험했던 실연에서 회복하여 아 버지의 제자였던 미래의 아내, 그가 나중에《나는 수학자(I am

* 역자 주: Jean Baptiste Joseph Fourier, 1768~1830

a Mathematician)》(1956)의 안표지에 「당신 밑에서 비로소 자유를 알았다」고 헌사를 쓴 마거리트(Margaret)와 교제를 하고 있었다. 그녀는 독일계 미국인으로 「솔직하고 순수하며 성실」하고 똑똑한 여성이었다. 그러나 두 사람이 교제가 그다지 발전되기 전에 그의 부모가 대찬성하고 그를 건너뛰어 그녀에게 지나친 친밀을 보였다.

> 「구혼은 나 자신의 일로서 어버이의 권위로 나에게 강요할 수 있는 결정이어서는 안 되는 것이었다. 그래서 나는 마거리트에게 관심을 보이기가 어렵게 되었다」

결혼이라는 자립의 기회를 둘러싸고 다시 부모와의 갈등이 높아졌다. 당시 그는 퍼텐셜론(Potential Theory)에 착수하고 있었다. 처음에는 호의를 보였던 MIT의 켈러그* 교수는 이론이 완성되자 자기 제자를 위해서 그것을 포기하라고 주장하여 서로 대립하였다. 그는 이때는 양보하지 않았다. 그가 그 이유를 「과학자도 한낱 인간이며 그 인간적 요구는 학문적 생활에 한없이 봉사하고 있을 수 없게 한다. 나는 그 무렵 20대의 말기였고 결혼해서 보다 완전한 인간 생활을 보내기를 원하고 있었다」라고 말하고 있다. 당시 그의 문제가 결혼과 학자의 지위 확립이라는 모두 자립에 얽힌 것이었음을 알 수 있다. 그는 젊은 수재들과 경쟁이 예상되는 경우에는 양보하는 것이 상례였으나 아버지 연배의 비르코프나 켈러그 등의 원로들에게는 양보하지 않고 격렬하게 싸웠다. 마치 〈아버지〉가 자립의 훼방을 한 듯이.

이러한 내면의 갈등을 안은 채 마거리트 집을 찾아간 그는

---

* Oliver Kellogg, 1873~1932

감기가 도졌고, 그런 상태로 켈러그를 만나 반쯤 착란하여 자기의 업적을 당장에 수학 잡지에 게재하도록 주장하였다. 켈러그와 비르코프는 몹시 노했다. 그는 어린이처럼 자포자기가 되어 아버지의 농장에서 자기 파괴적으로 격렬한 윈터 스포츠(Winter Sports)를 시작하여 집에 돌아와서 쓰러졌다. 고열로 인한 정신 착란 속에서 마거리트를 만나고 싶다는 소망, 하버드의 수학자들과 싸움, 퍼텐셜론의 미해결 문제에 대한 불안이 엇갈려 나타나 드디어 육체적 고통과 창의 커튼의 펄럭임과 미해결된 수학 문제를 구별할 수 없게 되었다.

> 「고통이 수학적 긴장으로 나타난 것인지, 수학적 긴장이 고통에 따라 상징된 것인지 무어라고 단언할 수는 없었다. 양자는 불가분한 일체가 되어 있었기 때문이었다. 그러나 나중에 생각해 보니 거의 어떤 경험이라도 아직 막연하여 맥락이 붙어 있지 않은 미해결인 수학적 사태의 헛상징 역할을 할 수 있다는 것을 알게 되었다」

> 《나는 수학자》

그는 이 퇴행적(退行的) 착란 상태 속에서 마거리트와 결혼할 결의와 퍼텐셜론을 들고 회복하였다. 여기서 수학적 문제가 위기에서 자력에 의해서 탈출하는 데 없어서는 안 될 매개물, 이를테면 자기 치료의 수단으로 되어 있다. 예술 속에 정서의 객관적 상관물(Objective Correlative)(T. S. 엘리어트)이 있어야 한다면 과학자에게는 과학 속에 자주 개인적 문제의 객관적 상관물이 있을 수 있다고 할 수 있을 것이다.

신경증권의 과학자는 심적 위기에 있어서 정신적으로 퇴행을 일으켜 몽롱한 상태 속에서 모든 문제가 뒤섞여 때로는 개인적 문제 해결의 지적 등가물로서 과학적 문제의 해결이 이루어지는 것 같다. 그리고 과학적 문제의 해결에 의한 긴장 해소와 자신 회복이 개인적 문제의 위기 양상을 완화하고 그 결과 해결을 잠시 미루고 시기의 성숙을 가질 만한 마음의 여유가 생긴다고 생각된다. 프로이트처럼 심리학 연구자라면 몰라도 위너 같은 수학자에게도 이러한 사태가 일어난 것은 놀랄 만한 일이다.

「유능한 수학자를 특색 짓는 다른 무엇보다도 적절한 특징이 있다면 그것은 순간적인 정서적 상징을 조작해서 여기에서 반지속적으로 생각해 낼 수 있는 언어를 구성하는 능력이라고 생각한다」

「맞지 않는 것을 제외하고 적절한 것을 세련 해가는 데 가장 좋은 시기는 잠에서 깨어난 때가 많았다. 적어도 이 과정의 일부분은 보통 수면이라고 볼 수 있는 것이며 꿈의 형태로서 일어나는 일이 있는 것 같다.……환각적인 실체 성을 가진 최면적 환영과 밀접하게 결부되어 있는데 그 문제 자체의 의지에 다소나마 좌우되는 점에서 환영과 다른 것이다」

퇴행적인 몽환 상태나 꿈의 세계―거기서는 모든 것이 만나고, 뒤섞이며, 출구를 모색한다. 수학적 상징도 거기서는 이를테면 개인적 문제가 하전(荷電) 된다. 한쪽 해결을 위한 노력은 다른 쪽 해결을 위한 노력과 얽히는 것이다.

자립, 화해, 통합

위너의 한 인간으로서의 내면적 자립에의 길은 아직도 멀었다. 1926년의 결혼에 이르는 긴 기간, 그는 그다지 약혼자와 만나지 않고 누이를 동반하여 몇 번 유럽을 여행하였다. 일반적으로 혼기가 된 누이란 남성의 사춘기에 있어서 연인의 대역을 하며 이성애에의 이향을 부드럽게 해주는데 위너의 머뭇거림은 너무도 길었다. 1924년 다시 괴팅겐을 방문하여 조화 해석을 양자 역학에 응용하여 「꽤 좋은 연구」를 하였는데 이것도 포기해버렸다. 겨우 31살에 결혼한 그는 신혼여행을 겸해 유럽으로 떠나지만, 괴팅겐에 도착한 그를 기다린 것은 만나기 싫은 비르코프였다. 그 때문인지 괴팅겐 수학계의 원로 쿠란트*와도 불화가 생겨 뚜렷한 자리를 차지하지 못한 채 〈신경 쇠약〉에 빠질 지경이 되었다. 더욱이 신부의 뒤를 쫓아 부모가 건너왔다. 신혼 내외가 스위스의 호텔에 머물게 되자 부모는 강제적으로 불러내어 부모 감시가 붙은 신혼여행이 되고 말았다.

「그러나 나는 해가 지날수록 부모에게 감정적으로 깊이 의지하는 마음이 있었으므로 이 부름을 무시할 수는 없었다」

아버지는 아들을 위해 괴팅겐 대학에 직접 담판도 하고 프로이센(PreuBen)의 문교 장관에게 항의문을 쓰도록 아들에게 강요하기도 하였다. 1932년 아버지는 어떤 독일의 언어학자와 언쟁을 벌여 화가 난 나머지 그에게도 모든 독일 수학자와의 교제를 끊게 하려 하였다. 그는 이러한 아버지의 횡포에 잘 대처할 수 없었다.

이 무렵 그는 부쉬**와 컴퓨터의 연구를 진행시켜 러시아(구소련)의 힌친(Aleksandr Yakovlevich Khinchin), 콜모고로프***와 확률론을 둘러싸고 앞서거니 뒤서거니 경쟁하며 일반 조화 해석의 연구를 완성하여 학자로서의 평가도 정립되었고, 리(李,

---

* Richard Courant, 1888~1872
** Vannevar Bush, 1890~1974
*** Andrei Nikolaevich Kolmogorow, 1903~1987

Lee Yuk Wing), 이케하라 시카오* 등 제자도 생겼으며 가정도 안정되어 갔다. 그런데도 그의 말에 의하면 참된 〈자립의 해〉는 훨씬 뒤에 리(李)의 초빙으로 칭화(清華, C'hinghua) 대학 교수로서 일본을 거쳐 중국으로 건너간 1935년 세계 일주 여행의 해였으며 실로 41세 때 일이다. 아버지는 1932년 교통사고 후 갑자기 노쇠하여 중풍을 일으켜 병상에 누웠다.

그런데도 웬일인지 이 〈자립의 해〉의 이듬해 그는 심적 위기에 빠져 과거의 갈등이 생생하게 되살아나 그를 괴롭혔다.

> 「다시 천재아 취급을 받았던 나의 옛날의 교육 긴장과 압박이 되살아나 나를 괴롭혔다. 나는 아버지를 사랑하고는 있었지만, 주위 사람들은 내가 결국은 아버지의 아들에 지나지 않는다는 것을 거침없이 상기시켰다. (중략) 나는 나의 출생이나 어릴 적 교육에서 오는 직접적인 긴장이나 압박뿐만 아니라 이에 부수되는 다른 정신적 억압도 가지고 있었다. 그것은 내가 무엇이며 무엇을 목표로 하고 있는가를 충분히 알 만큼 사회적으로 성숙하지 못한 채 약간 특수한 면에서부터 학자 생활로 들어간 것에 기인하고 있었다」

그는 아내의 권고로 정신 분석을 받지만, 지적 창조의 동기를 묻자 심한 저항을 보였으므로 분석은 중도에서 포기되었다. 지적 창조는 출발점에서부터 어디까지나 내발적(內發的)이었다고 그는 주장하여 자립의 근거를 어릴 적까지 거슬러 올라가 구하려고 하였다. 이 위기로부터의 회복 과정에 대해서는 자서전에는 많이 언급하지 않고 있으므로 그의 내면에서 무엇이 일어났던가는 추측할 수밖에 없으나 아버지의 노쇠와 그의 자립 달성 때문에 일어난 이 위기 속에서 그는 아마도 그때까지 끊임없이

---

* 池原止戈夫, 1904~

의식하고 있었던 아버지에게 향한 공격 뒤에 아버지에 대한
〈응석〉이 있다는 것을 처음으로 자각하고 오랫동안의 갈등을
극복하여 아버지와의 내적 화해를 성취했던 것이 아닐까? 만년
의 그는 잊고 있던 아버지의 언어학을 세상에 널리 알렸다.

　사실 이 위기 후 그에게는 비로소 정신적 여유가 생긴 것 같
다. 즉 젊은 날의 경계인적(境界人的) 부정 면이 경계영역의 중
요시라는 긍정 면으로 전환되고, 아버지와 다퉈 좌절되었던 생
물학 지망이 통신 공학의 수단에 의한 생리학, 의학에의 접근
이라는 형태로서 부활하였다. 그의 조숙이 가져온 일종의 박식
이나 갖가지 학문적 편력은 하나의 통합 방향으로 향하여 사이
버네틱스 학설 수립에 다다른 것이다. 그의 관심이 학문적 출
발부터 불확실한 것, 비결정적인 것에 있었다는 것은 이미 말
했으나 초기의 업적의 「불확실한 것의 객관적 기술」로부터 크
게 전환하여 「불확실한 것의 주체적 대처」를 지향하게 되고 그
것이 사이버네틱스로서 결실하였다(北川敏男)는 것은 그의 자립
의 달성과 뗄 수 없는 학문적 전희가 아닐까?

　샐러리맨 학자였던 그에게 과학자의 사회적 책임에 대한 자
각이 생각났다. 그는 나치에 박해받은 과학자의 구출을 주장
하여 아버지처럼 그들을 보호하였다. 2차 세계대전 때는 파시
즘(Fascism) 타도의 입장에서 군에 협력했으나 전후에는 원수
폭 반대의 과학자 운동에 참가하였다. 그는 사이버네틱스의
입장에서 과학자 운동에 참가하였다. 그는 사이버네틱스의 입
장에서 과학의 장래와 인류 사회의 미래를 경고적으로 예언하
면서 수학자로서의 다산적인 생활을 보냈다. 《사이버네틱스
(Cybernetics)》(1948), 《인간의 인간적 사용법(The Human Use

of Human Beings)》(1950), 《신과 골렘(God and Golem, Inc
.)》(1964) 등의 예견서와 더불어 2권의 자서전*은 그가 겨우
개인적 과거를 과부족 없이 회고할 수 있게 되었다는 것을 말
해 주고 있다.

만년의 그는 어린이처럼 아내에게 응석을 부렸다. 찾아갔던
기타카와 도시오(北川敏男) 씨 앞에서 아내가 낮잠 잘 시간임을
알리자 순순히 따르면서 「내가 착하지요?」했다는 얘기가 전해
지고 있다. 1964년 3월 스톡홀름에서 강연을 마치고 계단을
내려선 그는 심근경색 때문에 쓰러져 그대로 타계하였다. 69살
이었다.

참고 문헌

N. Wiener, The Human Use of Human Beings, New York: Doubleday,
1950.

N. Wiener, Ex-Prodigy: My Childhood and Youth, Cambridge,
Mass: MITP, 1953.

N. Wiener, I am a Mathematician, MITP, 1956.

N. Wiener, Cybernetics: Or Control and Communication In the
Animal and the Machine, Second Ed., MITP, 1961.

N. Wiener, God and Golem, Inc. A Comment on Certain Points
Where Cybernetics Impinges on Religion, MITP., 1964.

L. S. Kubie, Neurotic Distortion of the Creative Process, Farrar,

---

* 《신동 출시(Ex-Prodigy)》(1953), 《나는 수학자》

Strauss, 1961.

E. Kris, Psychoanalytic Explorations in Art, New York: International Universities Press, 1952.

J. Delay, Néurose et création, dans Aspects de la Psychiatrie moderne, Paris: P. U. F., 1956.

北川敏男編, 《情報科學への道》, 情報科學講座, A · 1 · 1, 共立出版社, 1966.

鎭目恭夫編, 《機械と人間との共生》, 平凡社, 1968.

湯川秀樹·井上健編, 《現代の科學Ⅱ》, 世界の名著, 第66巻, ノイマン, 「人工頭腦と增殖」, ウィーナー, 「科學と社會」, 中央公論社, 1970.

森毅, 《數學の歷史》, 紀伊國屋新書, 1970.

土居健郎, 《「甘之」の構造》, 弘文堂, 1971

그림 출처

1. Norbert Wiener, American mathematician, by Konrad Jacobs, http://owpdb.mfo.de

2. The H.W. Pierce Boathouse, more commonly called the MIT Boathouse, on the Charles River in Cambridge, Massachusetts, by Magicpiano

7. 과학자의 정신 병리와 창조성

뉴턴에서 위너에 이르기까지 여섯 과학자의 병질을 바탕으로 각각 기질에 따라 과학자의 창조성, 지적 생산성을 정신 병리학적으로 고찰해 보기로 하자.

분열병권의 과학자와 위기 상황

뉴턴과 같은 분열병권의 과학자의 유소년 시절은 특히 눈에 띌 만한 데가 없는 것이 보통이다. 그들은 외압에 대해서 반항하지 않고 갈등의 장에서 멀리 물러서서 인간적 접촉을 피해 혼자만의 세계를 만들어 놓면서 마음 깊이 환상을 키우고 있다. 이런 형의 과학자로서 아인슈타인처럼 파탄을 보이지 않았던 사람은 젊었을 때부터 특히 주도하게 대인적 거리를 취해 과민성을 외계로부터 지키고 있다.

그들이 과학자의 길을 택한 것은 어떠한 위기가 계기가 되는 일이 많다. 그 위기는 외적 위기, 특히 현실과의 거리가 위협받는 외적 위기일 수도 있다. 그러나 내면으로부터의 충박(衝迫), 특히 청년기에서 생리적, 심리적 성숙 과정 자체가 가져오는 내적인 위기가 근저에 있는 경우가 많다. 일반적으로 분열병 발병의 위기가 적지 않게 소위 〈청춘의 위기(Jugendkrise)〉의 양상을 띠는 것은 지적되고 있는 대로이다.

일반적으로 인간은 위기의 도래까지 이를테면 유예된 상태라고 말할 수 있다. 문제를 미루거나 늦추거나 회피하거나 대체하는 것이 가능한 존재 양식이다. 그러나 일단 위기가 도래하

222

면 벌써 도망치거나 숨을 수 없고 모든 내적 자산을 동원해서 혼자서 세계와 대결하지 않으면 안 된다. 그들은 〈세계 속의 한 사람〉이 아니고 대리를 내세울 수 없는 개아(個我)로서 세계에 직면하는 것이다. 분열병권의 사람의 경우는 특히 위기를 〈국지화〉하는 능력이 부족하고 위기는 쉽게 전반적 위기로 심화한다. 또 이 위기 속에서 어릴 적부터 숨겨져 있었던 〈수직 상승적〉인 몽상이 억제가 풀려 분출되어 나오는 일이 많아 위기는 더욱 심화한다.

이 심각한 위기 속에서 그들의 대부분은 현실 속에서의 문제 해결을 단념한다. 그리고 어떤 사람은 〈세계의 단념〉(비트겐슈타인)을 용수철로 하여 자기의 지적 자산을 총동원해서 일종의 지적인 〈세계 등가물〉의 구축을 시도하려 한다. 과학자인 경우에는 흔히 우주 전체를 포괄하는 자기 완결적, 정합적인 추상적, 관념적 체계의 수립으로 향한다. 이것은 대부분 이미 그들의 과학자로서의 출발점에서 직관적, 무 개념적으로 발견되지만, 그 실증은 그들의 전 생애를 다해도 모자라는 일이 많다. 그들의 위기는 쉽게 그들의 세계 전체의 위기가 되고 그들은 세계의 전면적 초탈을 지향하며 그 결과 세계를 초탈한 시점에 서서 하나의 〈세계 등가물〉의 건설을 시도한다. 때에 따라 이 초탈성은 완벽한 것이 되어 〈현실에 때 묻지 않은〉 수학이나 논리학 등의 자기 완결적, 정합적 세계가 목표가 된다. 세계의 일부를 다루는 과학을 그들은 좋아하지 않는다. 그들은 지적 구축마저 〈국지화〉하는 경향이 부족하다 하겠다.

분열병의 발병에 앞서는 위기 상황의 심리를 독일의 정신과 의사 콘라트(Klaus Conrad)의 《분열병의 시작》(1958)에 의해 알

아보자. 내적 긴장의 고조, 어떤 미지의 것이 앞에 막고 있다는
느낌에서 시작하여 때로는 울적, 때로는 고조된 기분, 또는 내
적 고갈감 등이 점차 세기를 더하고 대상이 없는 불안이 높아
져서 죽음의 불안에 접근한다. 그런 가운데 불면불휴의 노력이
행해진다, 노력은 오로지 자기 가치를 높이든가 반대로 파멸적
으로 저하되는 〈수직적〉 방향으로 한정되며 자기 가치를 높이
지도 낮추지도 않는 〈중립적〉 행위는 불가능하게 된다, 이 노력
은 상황의 〈초월〉을 지향하는 것으로서 만일 어떠한 〈초월〉에
성공하면 내적 긴장은 해소되고 발병의 위기는 물러선다.

이 심리가 예술가 등의 창조적 시기의 심리와 아주 비슷한
것은 명백하다. 과학자의 시기 심리와 아주 비슷한 것은 명백
하다. 과학자의 경우도 본질에서 다르지 않을 것이다. 그러나
모든 내적 자산을 동원하는 〈초월〉의 시도는 〈결사적 도약〉이
다. 만약 지성의 사정이 짧거나 시도가 너무 늦어 분열병의 결
정적 발병에 이르면 이 시도 자체가 병적 과정에서 끊임없이
교란되어 병적 과정과 뒤섞여서 망상이라고 불리는 것으로 전
락하는 것이 아닐까?

여기서 망상이 일면에서는 병적 과정에 깊숙이 침투하면서
다른 면에서는 몹시 인간적인, 현대 프랑스의 정신과의사 에이
(Henri Ey)의 말을 빌리면 「야심이나 두려움 등 인생의 가장 상
처받기 쉬운 핵심적 현실」을 갖고 또한 지적인 말, 흔히 의사
과학적인 언어로 말하는 것에 주목하고 싶다.

「망상의 형식은 언제나 이해 불능이며 망상의 내용은 언제나 이해할 수 있다」

(콘라트)

분열병자는 그들을 압도하는 이상한 세계 변용, 자기 변용적

상황에 대해서 전차, 라디오, 텔레비전, 방사선 등 언제나 최신 과학을 활용하여 절망적인 의사적 설명을 하려 한다. 그리고 급성 착란 상태로부터의 회복과 더불어 흔히 이 의사적 설명은 체계화로 향하여 절실성은 상실되지만 동시에 외부로부터는 움직이기 어려운 것이 된다.

그런데 이 분열병자의 망상과 지적으로 탁월한 분열병권의 과학자가 만드는 지적인 세계 등가물을 구별하는 것은 무엇인가, 분명히 망상 쪽이 개인의 일상성, 개인의 생활사 등이 얽히는 인간적인 것이다. 아무리 체계적인 망상이라 하더라도 개인 사적(個人史的) 편의성(偏倚性)이 있고 그 결과 망상을 하나의 〈구조〉라고 볼 때 일반적으로 구조인 것의 기본적 특성인 〈전체성〉, 〈변환성〉, 〈자기 완결성〉*이 손상되어 있다. 지적인 세계 등가물 쪽이 보다 초탈적, 보다 추상적, 보다 비현실적이다. 분열병의 위기라는 개인적 세계 전체의 위기에서는 세계를 전적으로 초탈하고 전적으로 포섭하지 않으면 안 되며 망상은 그 시도의 좌절의 증인이라고도 말할 수 있다. 이를테면 분열병적 천재는 분열병자보다도 한층 멀리, 한층 빨리 도약하지 않으면 안 된다. 이것이 분열병자는 흔히 있는 존재인 데 대해서 분열병권의 천재가 희귀하다는 이유의 하나일 것이다.

위기 상황에 빠져든 후는 무엇을 학습하거나 성숙을 기다릴 여유는 없다. 사람은 내적 자산의 마지막 한계인 〈현재고(現在高)〉를 시련받게 되는 것이다. 대부분 분열병자가 발병이 절박하면 불면불휴로 절망적으로 공부를 시작하는 것은 내적 자산의 빈곤이 위기와 비교할 수도 없는 거대함에 비추어 너무나

---

* 피아제, Jean Piaget, 1896~1980

역력하게 보이기 때문인지도 모른다.

설혹 최초의 위기 초월이 창조성의 개화를 보기에 이른다고 하더라도 그 성공 자체가 또 새로운 위기를 낳게 한다. 성과의 발표가 대인적 거리를 상실하는 계기가 된다. 칭찬도 비판도 무시도 본래 불확실한 그들의 자기 동일성(Identity)을 동요시킨다. 착상이나 발견을 도난당할지 모른다는 피해망상이나 박해망상이 발전하는 일도 있다. 따라서 그들이 창조성을 결실시키기 위해서는 현실과의 사이에 주도한 거리를 취하는 것이 필요하고, 또 그들의 창조물이 현실 타당성을 얻기 위해서는 현실과의 비호 적인 매개자가 불가결한 경우가 많다. 뉴턴은 로크를, 칸토르는 푸앵카레를 박해자로 보았지만, 한편 뉴턴에게는 배로나 핼리, 칸토르에게는 바이어슈트라스*나 러셀 등 순수한 지지자도 있었다.

위기의 창조적 초월의 결과로서 일어나는 2차적 위기가 전면적 인격 붕괴에 이르지 않더라도 외계로부터 자기를 더욱 강하게 차단하고 〈내면의 축제〉에 탐닉하여 과학은 제2의 적 지위로 떨어지게 되는 경우가 적지 않다. 그것은 망상형 분열증과 비슷한 경과가 된다. 만년의 뉴턴은 성서의 〈암호 해독〉에 칸토르는 집합론보다도 「셰익스피어는 베이컨이다」라는 설에 열중하였다. 이렇게 어떤 분열병적 과학자는 세계 전체를 포섭하는 체계를 단념하고 하나의 거대한 수수께끼로서 나타나는 세계가 거기서부터 풀리는 것 같은 숨은 매디, 숨겨진 열쇠를 구하여 얼핏 보아 사소하고 무의미하다고까지 생각되는 사상에 열중하는 일이 많다. 비창조적인 분열병권 과학자에게는 그런

---

* Karl Weierstrass, 1815~1897

예시가 많다.

조울병권의 과학자와 비호적 상황

분열병권의 과학자와 조울병권의 과학자의 상이점은 실로 크다. 조울병권의 사람이 갖는 순환 기질이라는 기질적 특징은 발상의 풍부성, 발랄한 이미지 적사고, 높은 내발 성을 보증하고 동조성이 현세적 가치를 수용시켜 주위 사람과 공동 연구를 풍요하게 만든다. 또 그들은 연구에 근면하고, 꼼꼼하며 양심적이고, 철저하며 그것이 극단화하면 집착 기질(下田光造) 등으로 불리게 된다. 이상의 점에서 조울병권의 과학자들은 분열병권의 천재만큼 독자성이나 비약성은 없으나 보다 지속적인 지적 생산성이 약속된 것같이 보인다. 분열병권의 과학자의 초인적인 천재성 뒤에는 불모의 내적 고갈이 있다. 조울병권의 과학자에게는 그러한 분극성(分極性)은 없고 그들은 언제나 현실과의 풍부한 접촉을 잃지 않는다.

그러나 당연한 일이지만 조울병권의 과학자는 〈영원의 상아래〉에 연구하는 분열병권의 과학자보다도 훨씬 크게 시대, 전통, 상황 등의 제약을 받는다. 뉴턴의 경우와 달라서 다윈이나 보어는 지적 전통 가계에 출생하여 자랐다는 것이 과학자가 되는 데에 큰 의미가 있다. 그들은 아버지나 할아버지를 포함한 지도자나 정신적 선배를 모델로 자기를 형성하며 그들의 충고를 쫓아 그들의 시인에 의해 지지 감을 맛보며 그들의 정신적 유산의 계승과 발전에 노력한다. 창조의 동기도 자립이 계기가 되는 경우가 많다. 그러나 분열병 권에 있는 사람처럼 초탈적,

전면적 자립이 아니고 사회적, 단계적 자립, 바꿔 말하면 아버지와 겨룰 만한 사회인에 가까워지려는 괴로운 과정이다. 아버지를 내적으로 섭취하면서 이루는 자립이며, 아버지에의 의식하지 못하는 응석이 있기 때문에 환상적 자립이라고 말한다. 따라서 창조성을 결실시키는 데 특히 중요한 것은 부적(父的)인 비호적 공간이므로 그것을 상실하면 위기에 빠진다. 반대로 안주할 수 있는 공간의 발견이나 창조 때문에 위기의 해소, 창조선의 고조가 이룩되는 때도 있다. 다윈의 경우 작은 은거적 공간에의 장착에 그쳐 울병으로부터의 탈출은 불완전했으나, 경조적인 면이 있는 보어는 인격적 매력, 발상력, 프로듀서적 능력이 많은 과학자를 매혹하여 열린 창조적 공간이 코펜하겐의 이론 물리학 연구소로서 현실화되었다.

일반적으로 조울병권의 과학자의 창조성 해방은 깊이 상황에 의존해 있으며 창조성 해방의 상황이 바로 조울병의 발병 억지 상황이다. 즉 발병 회피의 조건들에 의해 창조선이 크게 규정된다고 해도 좋다.

그러나 그것만으로는 그치지 않는다. 조울병권의 과학자에게 특히 좋지 않은 것은 사실로부터 가설로, 가설에서 실증으로, 그리고 실증에서 새로운 가설이라는 과학적 실천의 역동성을 보증하는 상황이다.

양자 역학의 건설기에 있었다는 것은 보어에게 극히 행운이었다. 보어의 과학적 실천의 특징은 당면의 실험적 사실 특히 가설이나 모순에서 출발하여 자기가 가진 수단으로 해결을 지향하는 데 있다. 이런 형의 실천이 가장 생산적인 것은 이론이 실험적 사실을 쫓는 데도, 실험적 사실이 이론적으로 증명되는

데도 그다지 시간적 간격을 필요하지 않은 행복한 학문적 전개의 시기이다. 보어는 많은 실험적 사실이 혁명적 이론의 도래를 고대하고 있는 오늘날의 이론 물리학의 상황에서도, 반대로 이론이 실험적 사실을 떠나서 독주할 경우에도 아마도 그만큼의 역량을 발휘할 수 없었을 것이다.

아인슈타인은 일반 상대성 이론을 단번에 완성한 후 거의 40년에 걸쳐 혼자서 통일장 이론을 연구하였으나 완성을 보지 못하고 세상을 떠났는데 보어로서는 이해할 수 없는 도로(徒勞)였다. 반대로 〈영원의 상아래〉 연구하여 「법칙이 골고루 세계를 비춰줄」 것을 요구하는 아인슈타인은 보어가 당면한 사상의 설명 때문에 인과율이나 연속성이라는 중요한 개념을 지양하는 것을 참을 수 없었다. 기질의 상위에 의한 두 사람의 논쟁에는 결말이 나지 않았다.

학문의 발전이 침체하면 조울병권의 과학자에게 필요한 현실과의 긴밀하고 동적인, 대화적, 변증법적, 상호적 관계는 깨진다. 그들은 분열병권의 천재, 이를테면 뉴턴이나 아인슈타인처럼 정합성, 완전성을 실마리로 삼고 실증을 뒤로 돌리는 장대한 가설적 체계를 세우려 하지 않는다. 그들은 현실과의 교섭 속에서 점진적으로 연구를 추진한다. 과학의 침체기에는 경조적 순환 기질이 낳는 풍부한 착상은 공전하며 집착 기질적 노력은 도로감(徒勞感)은 낳을 뿐 조울병 발병의 유인(誘因)이 될 것이다.

보어의 창조성과 양자 역학의 발전 상황과의 밀접한 관계는 다윈의 창조성과 비글호에 의한 세계 주항 사이에도 볼 수 있다. 이 시기가 다윈의 과학적 생애의 초석이 된 것은 무슨 까닭일까? 《비글호 항해기》를 읽으면 배가 신대륙을 돌아 오세아니

아, 인도양을 거쳐 감에 따라 차례차례로 새로운 지리학적, 지질
학적, 동식물학적 세계가 파노라마처럼 펼쳐진다. 이 상황은 감
각적인 싱싱한 관찰을 환기하고, 관찰에 촉발되어 가설이 생기
고, 새 관찰 때문에 재검토되어 보다 발전된 가설로 나간다는
다이내믹한 변증법적 과정을 촉진하는 상황이다. 《항해기》의 필
치가 생기에 넘쳐 있는 데 비해 《종의 기원》의 필치가 약간 침
울하고 단조로운 것은 우연이 아니다. 항해에 출발할 때에는 라
이엘이나 훔볼트의 눈으로 세계를 보았던 다윈이 귀국할 때에는
실로 다윈의 눈을 가지게 되었다. 그러나 귀국 후 이런 상황에
서 떠난 다윈은 대저(大著)를 기획하면서 고삽한 집착 성격적 노
력 속에서 완성하지 못하고 만각류의 분류학으로 빠져버렸다.
《종의 기원》의 완성에는 친구 후커가 다윈의 너무 높은 요구 수
준에 대하여 단념과 자기 한정을 권고하고 실험 등을 맡아 집착
성격적 자기모순으로부터 다윈을 구출해 주는 일이 필요했다.

조울병권의 과학자가 만든 세계도 그들과 마찬가지로 이러한
상황 의존성, 시대나 전통에 의한 제약성의 각인을 받고 있다.
그들의 연구는 선배의 연구를 이어받아 발전시킨 것이며 연구
의 성장과 더불어 내포하는 모순이나 역설도 다음 세대에 계승
되는 개방된 것이다. 확실히 때로는 그들도 저적 고조감(躁的高
潮感) 속에서 세계 전체를 포함하는 〈대저〉를 계획한다. 그러나
그것은 세계의 내용을 전부 낱낱이 열거할 것을 이상으로 하는
것이다. 분열병권의 과학자가 세계를 하나의 식으로 환원하기
를 지향하는 것과는 대조적이다.

230

대인 관계적 배경

	병권 (病圈)	부 (父)	모 (母)
뉴턴	분열병권 (分裂病圈)	유지(有志), 생전(生前)에 사망	뉴턴의 가치를 인정하지 않았 지만, 일생 밀접한 관계, 51살 때 사망
다윈	조울병권 (躁鬱病圈)	엄격한 가장, 간절한 지도, 38살 때 사망	부르주아 출신, 예술 애호가, 8살 때 사망
프로이트	신경증권 (神經症圈)	몰락한 늙은 상인, 자식에 기대, 44살 때 사망	응석을 받아주는 어머니, 아버지보다 20살 연소, 만년까지 깊은 관계
비트겐 슈타인	분열병권 (分裂病圈)	엄한 자수성가한 사람, 상속 거부적, 24살 때 사망	예술 애호가, 죽은 해 미상
보어	조울병권 (躁鬱病圈)	온화한 가정, 간절한 지도, 25살 때 사망	부르주아 출신, 아버지의 제자, 47살 때 사망
위너	신경증권 (神經症圈)	엄한 자수성가한 사람, 강인한 지도, 43살 때 사망	응석을 받아주는 어머니, 아버지와 단절 있음, 만년까지 깊은 관계

표에서 볼 수 있는 것같이 분열병권의 과학자의 아버지와의 관계는 희박하거나 일방적인 것이다. 어머니와의 관계는 일반적으로 비뚤어져 있어도 짙은 것이라고 하는데 비트겐슈타인의 경우는 분명하지 않다. 둘 다 일생 독신이었고 친구도 극히 적다.

조울병권의 과학자에 있어서는 가족적 전통을 짊어진 가장의 비중이 두드러지고 어머니의 그림자가 엷다. 그들은 가족적 전통을 물려받는 것을 한 번은 주저하면서 결국은 자신의 어깨에 진다. 그때 동기(형제)가 그를 대신하여 쌍둥이 같은 관계를 맺고 그를 두둔하거나, 그의 자기 불확실을 보강한다. 아내는 주변에서 고르고 어머니 대신 또는 친구의 연장과 같은 느낌이 있다. 이에 반해 동성과의 우정은 짙고, 그들은 마치 일생을 소년 시절처럼 사는 것 같다.

동기	그 밖의 양육자	지적 성숙/ 자기 결정의 나이	결혼	친구
의붓아버지 동기에게 일방적으로 헌신, 연소한 의붓아버지 동기 넷	어릴 적에는 조모가 키웠다.	다소 늦다/ 24살쯤	독신	극히 적다
누이들이 어머니 대신, 5남이지만 사실상 장남	외숙이 깊은 영향	늦다/23살	29살, 1살 위의 외 4촌	소수의 친구와 장기에 걸친 깊은 교우
누이와 밀접한 관계, 20살 연장의 이복형 둘, 사실상 장남, 형제·자매 많음		상당히 조숙/ 34살쯤	30살(?), 친구의 약혼자의 언니	깊은 동성애적 교우, 그러나 대부분 파국으로 끝난다.
누이에 비호 된 아홉 동기의 막내		다소 늦다/ 18살	독신	연소한 친구, 제자 복종을 요구
동생과 공생적 관계, 누이 하나, 동생 하나	외조모 밑에서 체가 (體假)	다소 늦다/ 18살	28살(?), 친구의 누이	소년 시절의 친구들과 깊고 일생에 걸친 교우
누이들과 밀접한 관계, 장남 동생 둘(?), 누이동생 둘(?)		극히 빠르다/ 28살	31살(?), 아버지의 제자	깊게 사귀는 친구가 없다.

신경증권의 과학자에 있어서는 개성이 강한 아버지의 자식에의 도전적이라고도 할 만한 기대와 아버지와는 문화적 또는 연령상으로 떨어진 어머니의 넘치는 애정과의 사이에 전형적 에디 퍼스 상황이 만들어지고 있다. 자매와의 관계는 온화하고 짙고, 형제와는 라이벌 적이다. 이와 얽혀서 결혼은 늦고 흔히 자립에의 싸움에 있어서 중요한 문제가 된다. 둘 다 에디 퍼스 상황의 정면 격돌에 성공했다고 할 수는 없다. 아내와의 관계는 위너의 경우, 어머니와 비슷한 의존의 대상이며 그 관계에 매몰되어 거의 전연 남성과 깊은 우정을 모른다. 프로이트에게 있어서는 아내와의 관계는 비교적 담백하고 동성애적인 우정이 갈등을 품고 되풀이된다.

이상의 점은 종래의 가족 연구의 결과와 합치하는 것이 많고 금후의 가족 연구에 크게 시사를 주는 것이다.

기질과 창조성

기질	예	연구의 특성
분열병권의 학자	뉴턴 아인슈타인 비트겐슈타인 등	직관적 체계적 세계 초극적 혁명적
조울병권의 학자	훔볼트 다윈 보어 등	경험적 감각적 전통 지향적 점진적
신경증권의 학자	프로이트 위너 등	경계 영역의 탐구 떨어진 영역의 결합

그런데 조울병권의 과학자의 업적이 분열병권의 천재성에 비해서 한 걸음 못하다는 인상을 일반에게 주고 있다. 예를 들어 아인슈타인이 혼자 힘으로 상대성 이론을 세운 것에 대해 보어의 원자 모형은 직접적인 선배들의 모델의 부분 부분을 끌어모은 데 지나지 않는다는 비평이 있다(보호너). 조울병은 독창성을 저해할 따름이라는 견해가 종래의 병적 학에서는 정설이었다.

확실히 조울병권의 과학자는 자설(自說)의 독창성보다는 그 현실 타당성이나 선행 학설과의 연속성을 중시하고 강조한다. 주석, 보류, 인용, 실례가 두드러지게 많은 그들의 대작의 〈독창성〉은 흔히 발견하기 어렵다. 창조라는 개념 자체가 원래 〈무에서의 창조〉를 의미하며 예전에는 신만이 할 수 있는 일로

위기 상황	창조적 상황
사춘기에서 성적 동일성이나 청년기에서 사회적 동일성의 동요가 계기가 되는 일이 많다. 그 후에도 대인적 거리의 상실, 예를 들면 비판에 노출되는 것이나 유명해지는 것이 위기를 초래한다.	창조성은 자기나 세계의 위기에 촉발되는데 연구의 완성에는 적당한 대인적 거리, 현실과의 매개자·보호자가 필요하다.
오래 살던 공간의 상실, 예를 들면 고향, 친구와의 이별, 권위적 인간의 압박, 샌드위치 상황.	창조성은 사회적 자립을 계기로 하여 해방되지만, 연구의 완성에는 비호 적인 공간, 연구를 시인하고 가치를 알아주는 사람, 잘못하는 면을 맡아주는 사람의 존재가 필요하다.
부모로부터의 분리 독립, 직업 선택, 결혼 등 자립을 둘러싼 갈등 상황, 부모 동기의 죽음, 아버지를 닮은 상사와의 다툼 등이 심적 갈등을 재연시킨다.	학문을 자기 억압의 수단으로 출발하는 일이 많은데 중대한 갈등 상황을 계기로 학문이 자기 해방의 수단으로 전화하여 거기에서 진짜 자기의 주제를 발견하는 일이 많다.

되어 왔는데 근대에 이르러 인간이 신의 자리를 차지하고 천재가 할 수 있는 일이 되었다는 사정이 있다.

「태곳적에는, 모든 것은 혼돈이었다. 뉴턴이 있다고 하나님이 말씀하시자 당장 모든 것은 질서가 세워졌다」

라고 18세기 시인은 읊었다. 창조 선의 모델에는 먼저 분열병적 천재가 선정되었다. 조울병권의 사람의 독창성은 의심할 바 없지만, 그들은 독창, 창조를 목표로 하지 않는 일이 왕왕 있다. 그들의 강한 한계성의 의식은 〈무로부터의 창조〉라는 관념을 스스로 허용하지 않는다.

정신병적 과학자와 갈등 상황

위너는 확실히 천재이지만 동시에 소심하기 짝이 없는 샐러리맨과 같은 속인이기도 하다는 감상을 시주메 야스오(鎭目恭夫)는 말하고 있다. 프로이트의 경우도 위너와 비슷하다. 예를 들면 두 사람 다 염원하는 결혼을 하려고 직업의 지망을 바꾸거나(프로이트) 학자로서 일찍 이름을 내서 생활의 인정을 얻으려 애썼다(위너). 통념으로 보면 천재답지 못한 행동이다. 그러나 그들이 결단을 허용하지 않는 현실 속에서 갈등에 견디고 현실적으로 결단하고 선택하면서 살아가는 〈생활자〉인 것을 가리키고 있다. 이러한 생활자의 자유성과 현실성은 분열병권이나 조울병권의 과학자에게 찾아볼 수 없다.

본래 갈등이라는 견지에서 보면 분열병권의 사람은 현실의 갈등 속에서 전면적으로 후퇴하고 외적 세계로부터의 거리에 의존하여 위태로운 평형을 유지한다. 조울병권의 사람은 자기와 일체화할 수 있는 비호적인 공간에 의존하여 갈등으로부터 자기를 보호하고 있다. 만일 이 보호가 상실되면 집착 성격적 노력으로, 이를테면 맹목적으로 갈등을 극복하려고 하지만 흔히 힘이 다하여 발병에 이른다. 또는 마치 갈등을 극복한 것처럼 행동하여 조병으로 이행하는 일도 있다. 순환 기질 자는 현실 동조적이라고 말하지만, 그들은 갈등을 내포하는 현실 속에서의 현실적 생활자는 아니다. 예를 들면 러더퍼드의 연구소로 갈 것인가, 덴마크에 머물러 있을 것인가 하는 결단에 쫓긴 때의 보어처럼 그들이 〈샌드위치 상황〉이라는 전형적인 갈등상황에 특히 약하다는 것은 잘 알려져 있다.

이러한 사태가 정신병권의 과학자의 생애가 하나의 운명을 관철해 간다는 느낌, 고결하며 초속적인 외견으로 나타나 〈천재〉라는 인상을 일으키게 한다. 그러나 그들에게는 그런 생활 방법밖에 가능하지 못하다. 따라서 그들의 생애를 정신 병리학의 용어를 써서 하나의 필연으로 묘사하는 것은 어느 정도 가능하다. 단 약간의 차이는 있는데 분열병권의 사람 쪽이 하나의 운명의 자기 관철로서 서술하기 쉽고, 조울병권 쪽이 〈상황의 말〉로서 말하기 쉽다. 이것에 반하여 프로이트나 위너는 내적 자유도의 높이나 상황에 대한 상대적 자유성 때문에 그들의 생애를 결정론적으로 기술하면 인위적인 인상을 면하지 못할 것이다.

따라서 신경증권의 과학자 론은 사회적, 과학사적 상황론에 양보하지 않으면 안 될 면이 많다. 일례를 들면 프로이트나 위너가 유대인이라는 것은 그들이 발전하는 데 비트겐슈타인과는 다른 중요성이 있다. 전자들의 경우에 우리가 굳이 유대인 론을 시도하지 않으면 안 되었던 것도 그 때문이다.

프로이트나 위너에게는 일생 참으로 여러 가지 신경증적 증상이 따라 다니고 있다. 불안 신경증적, 강박 증적, 공포증적, 히스테리적, 심기증적(건강 염려증적) 등의 증상이 있으며 어떠한 신경증 유형으로 분류할 수 없는 복잡한 양상을 나타내고 있다. 그러나 돌이켜 생각해 보면 단일 신경증은 내면의 단순성 또는 강직성과 관계가 없지 않고, 복합 신경증이라고도 해야 할 〈풍부한〉 신경증은 내면의 풍요성, 유연성의 반영이라고 볼 수 있을 것이다. 또 이 두 사람에게는 자립이 큰 문제였다. 신경증권의 사람의 자립 시도는 어머니의 애정을 둘러싸고 아버지와 다툰다는 소위 에디 퍼스 상황을 정면 돌파해서 현실

원칙에 이르는 길에 있다. 분열병권의 사람이 환상 속에서의 자립, 조울병권의 사람이 환상을 포함하는 자립인 데 비해 신경증권의 사람의 자립 기도는 실로 현실적 자립의 기도이며 그 때문에 훨씬 길고 어려운 길이라고 해도 이상할 것은 없다. 사실 둘 다 거의 생애에 걸쳐서 아버지에 대한 갈등이 계속되고 자립을 둘러싸고 거듭 아버지와 다투거나 반대로 아버지의 노쇠나 죽을 때에 깊은 충격을 받고 있다. 이러한 시기에는 단지 개개의 신경증적 증상을 보일 뿐만 아니라 일시적이기는 하지만 전면적으로 정신적 퇴행을 일으켜 반은 몽환적(夢幻的)인 몽롱 상태로 빠져 외계의 일상과 내면의 사상과 구별을 하지 못하게 된다. 갈등 상황에서의 이 전면적 퇴행에서는 매우 주목할 만한 현상이 일어나는 것이 그들의 특징이다.

즉, 이 몽롱 상태 속에서 억압이 해제되어 신경증적 환상이 분출되어 나오는 것은 당연한 일이지만 동시에 창조적인 사람에서는 지적 억압도 해제된다. 그리고 몽환적 의식 속에서 두 가지가 혼교하고 이어 개인적 갈등의 해결이 초개인적인 과학적 문제의 해결로 바뀌어 후자가 해결되는 것과 더불어 퇴행에서부터도 회복하는 과정을 밟는 것이다. 그들이 이 퇴행에서 가져온 과학적 창견(創見)은 그때까지의 그들의 것과 질적으로 다르며 개성의 각인을 강하게 받은 것이다. 그들의 학문적 생애에서 이러한 시기는 결정적인 중요성을 지니고 있다.

전면적 퇴행이라는 사태는 억압을 제거하고 자유로운 문제 탐구가 행해지는 〈전의식(前意識, Preconsciousness)〉*〔프로이트, 큐

---

* 역자 주: 현재 의식되고 있지는 않으나 쉽게 의식 수준에 떠올려질 수 있는 정신 과정을 말한다. 예를 들면 며칠 전에 본 영화 이름이라든가, 아

비(Lawrence S. Kubie), 크리스(Ernst Kris)]를 해방함으로써 창조성에 기여한다.

이것은 정신 분석에 있어서 〈자유 연상〉과 비슷한 과정이다. 그러나 보통 사람에게 〈자유 연상〉은 억압되어 있었던 개인적 사건이나 신경증적 환상의 해방에 불과하다. 프로이트나 위너의 경우에는 과학적 문제의 억압 해제가 동시에 일어난 사실에서 그 과학적 문제도 미리 무의식중에 맹아적(萌芽的) 형태로 존재하고 있었던 것이라고 추측된다. 또한, 과학적 문제가 개인적 갈등과 동시적으로 억압이 해제되어 양자가 혼교하고 일종의 바꿔치기가 일어날 수 있다는 것은 양자가 구조적으로 비슷하다는 것을 시사한다. 물론 완성된 형태의 과학적 문제는 개인적 갈등과는 차원이 다른 것이다. 그러나 명확한 형태를 주기 전의 〈전(前) 게슈탈트(Vorgestalt)〉적 상태에 있어서는 양자가 극히 유사한 구조를 가질 수 있다는 것은 위너가 증언하는 대로이다.

프로이트와 위너의 과학자로서 출발은 각각 신경학자, 순수 수학자이며 둘 다 초기의 연구에서는 개성의 각인은 뚜렷하지 못하다. 그들은 자기의 갈등의 억압을 위해 과학을 쓰고 있으며 바로 그 때문에 갈등과 구조적으로 유사한 문제에 접근할 수 없어서 창조성이 손상되었다고 생각된다. 프로이트의 정신 분석의 발견은 학문의 성격상 특히 이런 억압과 싸움이며 억압이 드디어 깨졌을 때 그가 「자기의 의사에 반한」 발견처럼 느끼고 〈승리감과 패배감〉을 동시에 맛보았다고 말하고 있는 것은 바로 이것을 입증하는 것이라고 할 수 있을 것이다. 그들의

는 사람의 전화번호 등이다.

과학적 문제가 퇴행을 계기로 완성된 형식을 단번에 갖게 된 것도 미리 의식하에서 초기부터 키워져서 반복하여 억압되면서 차츰 성숙했다는 것을 추측하게 한다.

억압 해제가 계기가 된 발견이라는 성격은 학문 자체 속에서도 그 각인을 남기고 있다. 즉 프로이트가 발견한 무의식이나 정신(精神)-성적(性的) 발달사(發達史)(Psychosexual Development)* 나 위너가 즐겨 다룬 랜덤한 과정도 보통 과학자가 보면 다루고 싶지 않은 주제이다.

한편은 내면, 또 한편은 외계의 모두 무질서나 혼돈에 관계되는 것이다. 학문을 자기 내면을 억압하는 수단으로 하는 많은 과학자는 이런 주제를 다룰 때 불안을 느끼며 피하려 할 것이다. 과학이 억압의 수단으로부터 자기 해방의 방법으로 전화하여 비로소 이러한 문제에 눈을 뜨고 그것과 직면하는 용기가 얻어지는 것이 아닐까?

특히 퇴행에 의한 억제 해제는 꿈과도 비슷한 관념이나 이미지의 혼교를 일으킴으로써 평소의 〈눈 뜬〉 과학자 의식에 의해서는 하나의 시야에 들어가지 못하는, 얼핏 보아 동떨어진 것을 연결, 비교 생각하게 하여 그들 사이에 숨은 내적(內的) 관계의 발견으로 이끌 가능성이 있다.

실제 그들의 학문은 동떨어진 것 사이에 숨겨진 관계의 발견으로 향하고 있다고 해도 된다. 정신 분석 연구 전체가 바로 그런 것이다. 프로이트 시대에는 신경증은 일반적으로 간질이나 실어증과 같은 신경병이라고 생각되고 있었다. 위너의 업적도 그런 것이 많다. 그의 마지막 연구의 하나는 목성의 위성

---

* 역자 주: 성 심리 발달이라고도 한다.

운동과 뇌파(腦波)와의 유사성을 포착하여 랜덤 과정의 비선형 이론(非線型理論)을 고찰한 것이었다.

결국, 그들의 경우에는 어릴 적부터 강한 신경증적 갈등 속에 살면서 그것을 억압하기 위해서 과학의 길을 택하는데 내적 갈등을 끝내 억압하지 못할 만한 〈갈등 상황〉에 부닥쳐 퇴행을 일으키고 그 속에서 사적인 갈등을 공적인 과학의 문제로 치환하여 후자를 해결함으로써 내적 긴장의 해소를 달성한 것이다. 이것을 계기로 해서 과학은 억압의 수단이라는, 그들에게는 외적인 것에서 전화하여 그들의 내면과 깊은 관련이 있는 해방의 길이 되어 객관적으로서 결실된 것이다. 이러한 과정을 견뎌내기 위해서는 내면의 유연성과 강인성이 필요하다. 분열병권이나 조울병권의 과학자는 모순을 내포하는 문제를 미해결인 채로 내면에 유지하는 것은 불가능에 가깝다. 그 때문에 이런 창조 과정은 신경증권의 과학자 독자적인 것이다. 단지 과학상의 문제 해결은 어디까지나 대상적(代償的) 해결이며 개인 문제를 결정적으로 지양하는 것은 아니다. 그러기 때문에 프로이트나 위너는 일생 신경증 증상에서 완전히 벗어날 수 없었고 그것을 고민하면서 끊임없는 노력을 과학적 실천으로 쏟아 넣어야만 했다.

과학의 발자취를 병적학(病蹟學)의 처지에서 보면 먼저 분열병권의 과학자에 의해서 하나의 학문 체계가 단번에 창시되고 조울병권의 과학자는 그것에 살을 붙이고 현실화하고 발전시키기도 한다. 또 조울병권의 과학자는 과학적 전통의 계승자가 되어 다음 대로 계승하는 역할을 하거나 때로는 선행하는 학설이나 사실을 통일하여 종합적인 학설을 짜내는 경우도 있다. 어떤 신경증권의 과학자는 동떨어진 사실, 다른 학문 영역을 가교로 하여 상호 관련을 탐구하는 역할을 한다는 인상도 준다. 이렇게 과학의 발전 단계와 여러 가지 기질적 특징과 만남이 사람을 과학으로 이끌고 과학의 역사적 발전을 담당하는 큰 요인의 하나가 되어 있는 것이 아닐까? 이 가설을 뒷받침하는 것은 앞으로의 연구에 기대 하고 싶다.

참고 문헌

A. Roe, The Making of a Scientist, New York : Dodd Mead Co., 1952.

E. Erikson, Young Man Luther, New York: Norton, 1958.

K. Conrad, Die beginnende Schizophrenie, Stuttgart: Georg Thieme, 1958.

J. P. Weber, Genése de l'OEuvre Poétique, Paris: Gallimard, 1960.

W. von Baeyer, Situation, Jetztsein, Psychose— in Conditio humana, Berlin: Springer, 1966.

B. Pauleikhoff, hrg., Situation und Persönlicheit, Basil, S. Karger, 1968.

K. Jaspers, Strindberg und van Gogh

J. Piaget, Structuralism, New York: Basic 1970.

千谷七郎, 《漱石の病蹟》, 勁草書房, 1963.

萩野恒一, 「妄想」, 《異常心理學講座》, 第10卷, みすず書房, 1965.

飯田眞, 「病蹟學」, 笠松章編著, 《臨床精神醫學》, 改訂版 I, 中外醫學社, 1966.

「特集 · 創造と表現の病理」, 《精神醫學》, 第9卷, 第5號, 醫學書院, 1967.

土居健郎, 《漱石の心的世界》, 至文堂, 1969.

內村祐之, 《天才と狂氣》, 創元社, 19520

加賀乙彦, 《文學と狂氣》, 筑摩辛編, 1971.

井上英二, 「精神分裂病」, 井上英二 · 柳瀨敏辛編, 《臨來遺傳學》, 朝倉書店, 1969.

宮本忠雄, 《人間的異常への考察》, 筑摩書房, 1970.

飯田眞·中井久夫, 「着想 · 夢 · 妄想」, 《リクルート》, 第8卷, 第9號, 1970.

村上仁, 「分裂病の精神症狀論」, 《精神病理學論集》 I, みすず書房, 1971.

土居健郎, 《「甘え」の構造》, 弘文堂, 1971.

加賀乙彦, 「作家の病蹟」, 《現代のェスプリ》, 第51號, 至文堂, 1971.

飯田眞, 「躁うっ病の狀況論」, 新福尚武編, 《噪うっ病》, 醫學書院, 1972.

후기

잡지 《자연(自然)》의 편집부에서 정신 병리학의 시점에서 과학지를 분석해 보지 않겠느냐는 권유를 받았다.

지금까지 과학자의 병적학적(病蹟學的) 연구에는 이렇다 할 것이 없고 또 객관적 전기도 의외로 입수하기 어렵다. 과학자로서의 중요성과 신뢰할 수 있는 충분한 자료가 얻어질는지 어떨는지 두 가지 점에서 판단하여 겨우 분열병권, 조울병권, 신경증 권에서 각각 두 사람씩 모두 여섯 사람을 고를 수 있었다. 그러나 간질권의 과학자를 넣을 수 없었던 것은 매우 유감이었다. 그 후 1년여에 걸친 자료 수집, 검토 기간을 거쳐 잡지 《자연》의 1~7월호에 걸쳐 뉴턴에서 위너까지 여섯 사람을 연재하였다. 이 연재를 바탕으로 연구를 거듭하여 전면적으로 개교한 것이 이 책이다.

우리는 천재의 이름에 현혹되거나 대상을 우상시하는 일 없이 가능한 한 객관적인 증례 연구를 지향하면서 그것을 기초로 하여 우리 자신의 분열병, 조울병, 신경증에 관한 정신 병리학을 전개하였다고 생각한다. 우리 연구가 배후에 있는 다수의 임상 경험이나 과학자의 직접적 관찰 때문에 뒷받침받고 있다는 것은 말할 나위 없다. 이 책은 정신 의학의 전문가만을 대상으로 쓰인 것은 아니지만 어디까지나 정신 병리학적 엄정성을 잃지 않도록 노력하였다.

그러나 동시에 우리가 대상으로 고른 과학자에게 외경과 애착을 느낀 것도 사실이다. 개별 과학의 전문적 내용에 대한 우리의 이해가 아무리 한정된 것이라 하더라도 이러한 경도를 방해하지 않았다. 정신 의학자라면 누구나 경험하는 일이지만 대상에 대한 애정 없이 철저한 증례 연구는 있을 수 없고, 또 이 애정이 연구의 객관성을 손상하는 것도 아니다.

정신 병리학은 인간 연구에 유력한 시점을 제공한다. 그러나 종래의 병적 학의 대상은 대부분이 예술가에 한정되었다. 앞으로는 대상을 과학자를 비롯하여 미답의 분야에 펼침으로써 정신 병리학적 인간 파악은 한층 심화하고 한층 보편 타당적인 것으로 될 수 있는 것이 아닐까?

원래 우리는 일개 정신과 의사에 지나지 않으며 초보적인, 뜻하지 않은 오류를 범하고 있는 것이 아닌지 두렵다. 전문가 여러분의 가르침을 받게 된다면 다행이다.

이 책의 집필은 뉴턴, 다윈, 프로이트의 장은 이다(飯田)가, 비트겐슈타인, 보어, 위너의 장은 나카이(中井)가 초고를 썼었는데 되풀이하여 원고를 교환해 토론하고 가필 정정을 거듭하기 2년을 거쳐 전체가 문자 그대로 공동 연구라고 해도 좋은 것으로 되었다.

또 프로이트의 장에 대해서는 도이 다케오(土居健郎) 씨, 안영호 씨의 교열을 받았으며 그밖에 도쿄(東京)대학 분원의 동료 여러분으로부터 많은 시사와 격려를 받았다.

기획에서 잡지 연재에 있어서는 《자연(自然)》 편집부의 여러분, 현재의 형태로 완성하는 데는 출판부 여러분에게 많은 신세를 졌다. 뜨겁게 감사하는 바이다.

저자

역자의 말

〈천재와 백치〉, 〈천재와 광인〉은 흔히 종이 한 장 사이라고
한다. 사실 따지고 보면 양자는 서로 극과 극이며 차원을 달리
하는 실체(實體)인데 이렇게 밀접한 것으로 통용되는 것을 보면
필시 무슨 관계가 있을 법하다.

〈천재와 광인〉의 관계에 대한 연구의 역사는 고대 그리스까
지 거슬러 올라갈 수 있으나 과학적이며 체계적인 연구는 별로
오래되지 않았다. 독일의 의사 뢰비우스가 정신의학적인 측면
에서 괴테, 니체, 루소 등 저명한 문예인, 사상가를 연구한 것
이 그 효시일는지 모른다. 프로이트도 레오나르도 다 빈치 등
예술인에 대하여 정신분석학적인 측면에서 접근한 바 있다. 그
런데 뢰비우스나 프로이트의 접근 방법은 천재론이나 질병론에
얽매어 질병과 창조성의 직접적인 연관성을 설명하지 못했다는
것이 각계의 정평인 것으로 안다.

이다 신(飯田眞), 나카이 히사오(中井久夫) 두 박사의 공저 《천
재의 정신병리》는 〈과학적 창조의 비밀〉이라는 부제를 붙여
1972년 3월 자연선서(自然選書) 중의 하나로 빛을 보게 되어 불
과 8개월 사이에 5판까지 팔린 것으로 보아 심리학이나 정신의
학 분야에 있어서 베스트셀러임에는 틀림없다. 원래 이 책의 원
고는 잡지 《자연(自然)》의 부탁을 받아 정신의학적 관점에서 저
명한 과학자들을 분석한 것을 정리, 종합한 것으로서 문예인이
아닌 과학자를 대상으로 한 정신의학적 연구에서는 최초의 시
도이다. 저자들은 천재론이나 질병론에 구애됨이 없이 질병과

창조성의 직접적 연관성을 예리하게 파헤치는 데 성공하였다.

과학자에 대한 분석에는 문학자와 예술가를 분석하는 것과는 전혀 다른 방법론이 필요하게 된다. 과학자의 분석에서는 그들이 내세운 객관성을 과소평가해서는 안 된다. 그들의 증례를 파헤치는 데도 객관적 자료가 필요하게 되며 이것은 다시 임상적 경험이나 직관적 관찰 때문에 다시 검증될 수 있는 것이라야 한다. 저자들은 이 점을 충분히 염두에 두고 문제를 해결하는 데 성공했다고 볼 수 있다. 다만 조현병, 조울병, 정신신경증의 영역에서 대표적인 사람 둘씩 모두 여섯 사람에 한정시켰다. 여기에서 선정된 사람이 그들의 증상군을 대표할 수 있느냐는 질문에는 자신 있는 답변을 할 수 없으나 이들이 질병이나 창조성을 다같이 인간 드라마로 보고 있다는 점 외에도 인간학적 접근을 중시하고 인생에 있어 현황이나 위기가 과학적 창조성과 밀접한 관계가 있다는 점에 착안하여 문제를 전개, 종합한 점은 역시 훌륭한 방법의 하나라고 지적하고 싶다.

탁월한 인간의 업적인 창조가 질병의 유물이냐? 탁월한 업적을 남기기 위해서 노력한 결과가 미치광이처럼 세인의 눈에 비쳤는가? 아직 심리학이나 정신의학의 미해결 과제의 하나이다. 이 책이 바로 이러한 문제에 관심을 가지고 있는 사람에게 좋은 길잡이가 될 것이라 확신한다.

끝으로 원고 정리, 색인 작성, 교정에 큰 수고를 한 전파과학사 안덕상 씨와 서울대 대학원 심리학과 우태옥 양, 외국어대 힌디과 김주오 양에게 감사한다.

이현수

천재의 정신병리
과학적 창조의 비밀

초판 1쇄 1993년 04월 15일
개정 1쇄 2019년 05월 27일

지은이 이다 신·나카이 히사오
옮긴이 이현수
펴낸이 손영일
펴낸곳 전파과학사
주소 서울시 서대문구 증가로 18, 204호
등록 1956. 7. 23. 등록 제10-89호
전화 (02)333-8877(8855)
FAX (02)334-8092
홈페이지 www.s-wave.co.kr
E-mail chonpa2@hanmail.net
공식블로그 http://blog.naver.com/siencia

ISBN 978-89-7044-883-1 (03400)
파본은 구입처에서 교환해 드립니다.
정가는 커버에 표시되어 있습니다.

도서목록
현대과학신서

도서목록
BLUE BACKS